AF275209

Disfrute gratuitamente **DURANTE UN AÑO** de los eBook y audiolibros de las obras de Editorial Colex*

- ⊛ Acceda a la página web de la editorial **www.colex.es**

- ⊛ Identifíquese con su usuario y contraseña. En caso de no disponer de una cuenta regístrese.

- ⊛ Acceda en el menú de usuario a la pestaña «Mis códigos» e introduzca el que aparece a continuación:

RASCAR PARA VISUALIZAR EL CÓDIGO

- ⊛ Una vez se valide el código, aparecerá una ventana de confirmación y su eBook y/o audiolibro estará disponible **durante 1 año desde su activación** en la pestaña «Mis libros» en el menú de usuario.

> * Los audiolibros están disponibles en las ediciones más recientes de nuestras obras. Se excluyen expresamente las colecciones «Códigos comentados», «Biblioteca digital» y los productos de www.vademecumlegal.es.

No se admitirá la devolución si el código promocional ha sido manipulado y/o utilizado.

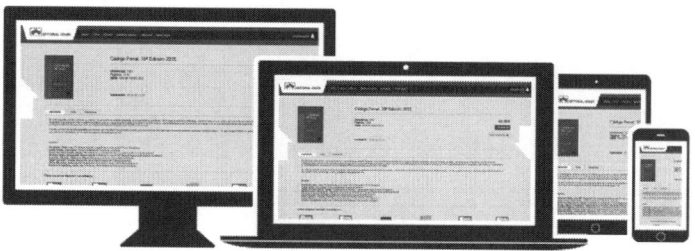

¡Gracias por confiar en nosotros!

La obra que acaba de adquirir incluye de forma gratuita la versión electrónica. Acceda a nuestra página web para aprovechar todas las funcionalidades de las que dispone en nuestro lector.

Funcionalidades eBook

Acceso desde cualquier dispositivo con conexión a internet

Idéntica visualización a la edición de papel

Navegación intuitiva

Tamaño del texto adaptable

Síguenos en: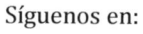

OBRAS EN VIVIENDAS ARRENDADAS

Derechos y obligaciones de las partes respecto a las obras o reparaciones a realizar en la vivienda alquilada

OBRAS EN VIVIENDAS ARRENDADAS

Derechos y obligaciones de las partes respecto a las obras o reparaciones a realizar en la vivienda alquilada

EDICIÓN 2024

Obra realizada por el Departamento de Documentación de Iberley

COLEX 2024

© Editorial Colex, S.L.
Calle Costa Rica, número 5, 3º B (local comercial)
A Coruña, C.P. 15004
info@colex.es
www.colex.es

I.S.B.N.: 978-84-1194-682-7
Depósito legal: C 1522-2024

SUMARIO

ANEXO. CASOS PRÁCTICOS

ANEXO. FORMULARIOS

0.
INTRODUCCIÓN

En lo relativo a las obras en viviendas arrendadas (y las solicitudes de su realización), hay que destacar las figuras del arrendador y del arrendatario.

El arrendador, como propietario de un inmueble, tiene una serie de derechos y obligaciones que debe cumplir en el marco de un contrato de arrendamiento. Entre sus derechos se encuentran la fijación y actualización de la renta, la realización de mejoras en el inmueble y la exigencia del cumplimiento de las cláusulas contractuales por parte del arrendatario. Por otro lado, sus obligaciones incluyen mantener el inmueble en condiciones habitables o realizar las reparaciones necesarias para su adecuado uso. Estas responsabilidades están reguladas tanto por el Código Civil como por la Ley de Arrendamientos Urbanos (LAU).

El arrendador —como el arrendatario— tiene una serie de derechos y obligaciones inherentes al arrendamiento de la vivienda. Así, es interesante hacer mención de la sentencia de la Audiencia Provincial de Cantabria n.º 532/2020, de 5 de octubre, la cual señala que *«de acuerdo al régimen general del art. 1554 CC, son obligaciones propias del arrendador la entrega de la cosa en condiciones de servir para el uso y disfrute de la misma, la de conservarla para el mismo fin haciendo las reparaciones necesarias y la de mantener al arrendatario en su goce pacífico durante todo el tiempo del arriendo».*

Por su parte, el arrendatario es la persona que, en virtud de un contrato de arrendamiento, adquiere el derecho a usar y disfrutar temporalmente de un bien inmueble, generalmente una vivienda o un local, a cambio del pago de una renta al propietario o arrendador. En el contexto de la Ley de Arrendamientos Urbanos, el también denominado inquilino, tiene una serie de derechos y obligaciones, como el pago de la renta y el mantenimiento de la vivienda en buen estado, salvo el desgaste normal por el uso.

En cuanto a sus obligaciones, y de acuerdo con lo establecido en el artículo 1555 del CC, este está obligado a:

- Pagar el precio del arrendamiento en los términos convenidos.

- Usar la cosa arrendada como un diligente padre de familia, destinándola al uso pactado; y, en defecto de pacto, al que se infiera de la naturaleza de la cosa arrendada según la costumbre de la tierra.

- Pagar los gastos que ocasione la escritura del contrato.

La regulación sobre las posibles obras a realizar en una vivienda alquilada la encontramos —como no podía ser de otra manera— en la Ley 29/1994, de 24 de noviembre, de Arrendamientos Urbanos. En esta guía desgranaremos paso a paso estas obras, diferenciando entre las que puede realizar el arrendador, como las que puede realizar el arrendatario. En este sentido, el arrendador puede realizar obras de mejora, contempladas en el artículo 22 de la LAU, y obras de conservación, contempladas en el artículo 21 de la LAU. Artículo que matiza lo siguiente *«las pequeñas reparaciones que exija el desgaste por el uso ordinario de la vivienda, serán a cargo del **arrendatario**».*

Así pues, el arrendatario, de acuerdo con lo dispuesto en el artículo 23 de la LAU:

«(...) no podrá realizar sin el consentimiento del arrendador, expresado por escrito, obras que modifiquen la configuración de la vivienda o de los accesorios a que se refiere el apartado 2 del artículo 2. En ningún caso el arrendatario podrá realizar obras que provoquen una disminución en la estabilidad o seguridad de la vivienda.

2. Sin perjuicio de la facultad de resolver el contrato, el arrendador que no haya autorizado la realización de las obras podrá exigir, al concluir el contrato, que el arrendatario reponga las cosas al estado anterior o conservar la modificación efectuada, sin que éste pueda reclamar indemnización alguna.

Si, a pesar de lo establecido en el apartado 1 del presente artículo, el arrendatario ha realizado unas obras que han provocado una disminución de la estabilidad de la edificación o de la seguridad de la vivienda o sus accesorios, el arrendador podrá exigir de inmediato del arrendatario la reposición de las cosas al estado anterior».

A lo largo de esta obra el lector podrá conocer también qué exclusiones existen a la obligación de realizar obras de conservación o reparación en la vivienda arrendada, así como lo relativo a la cobertura del seguro en materia de arrendamientos de vivienda. ¿Es obligatorio contar con un seguro de daños en las viviendas arrendadas? Para responder a esta cuestión, debemos tener en cuenta que no hay una regulación específica que concrete lo relativo al seguro, por ello ha de acudirse a la Ley de Arrendamientos Urbanos, que en su artículo 4.2 establece que *«los arrendamientos de vivienda se regirán por los pactos, cláusulas y condiciones determinados por la voluntad de las partes, en el marco de lo establecido en el título II de la presente ley y, supletoriamente, por lo dispuesto en el Código Civil».*

De igual manera, en esta guía se desarrolla lo relacionado con el supuesto en que el arrendatario padezca una discapacidad. ¿Qué se entiende por persona con discapacidad? ¿Podrá realizar libremente obras de mejora de la vivienda para adaptar la misma a su situación? ¿A cargo de quién corren los gastos que supongan dichas obras? ¿Cuál es el procedimiento de reclamación al arrendatario por la realización de obras en la vivienda arrendada? A esta última cuestión responde el artículo 249.6 de la Ley de Enjuiciamiento Civil al señalar que se decidirán en juicio ordinario, cualquiera que sea su cuantía, las demandas que versen sobre cualesquiera asuntos relativos a arrendamientos urbanos o rústicos, salvo que estén reservados al juicio verbal.

Será competente para conocer de estas controversias el juez de primera instancia del lugar donde se encuentre sita la finca urbana, excluyendo la posibilidad de modificar la competencia funcional por vía de sumisión expresa o tácita a un juez distinto. Esto no impide que las partes puedan pactar para resolver el conflicto.

Todas estas cuestiones y muchas más se resuelven a lo largo de esta guía paso a paso, donde se incluyen una serie de esquemas, formularios y casos prácticos que ofrecen una visión más práctica de la materia.

1.
EL ARRENDADOR. DERECHOS Y OBLIGACIONES

El arrendador

La figura del arrendador se encuentra definida en el artículo 1546 del Código Civil, por el cual se llama arrendador a quien «se obliga a ceder el uso de la cosa, ejecutar la obra o prestar el servicio».

Ahora bien, en un contrato de arrendamiento, hay que conocer cuáles son los derechos que tiene el arrendador, así como las obligaciones.

‖ ¿Cuáles son los derechos del arrendador?

Del articulado recogido en el Código Civil como en la Ley 29/1994, de 24 de noviembre, de Arrendamientos Urbanos podemos deducir una serie de derechos que tiene el arrendador en un contrato de arrendamiento.

En primer lugar, hay que mencionar el artículo 17 de la LAU, donde se regula la estipulación de una renta que las partes decidan. De este precepto se deduce, pues, el derecho del arrendador a **percibir una renta**, así como a **fijar la misma**.

En este punto, el artículo 18 de la LAU permite al arrendador **actualizar la renta** en la fecha en que se cumpla cada año de vigencia del contrato, en los términos que pacte con el arrendatario. Asimismo, el arrendador podrá exigir el pago de la renta actualizada a partir del mes siguiente en que le notifique al arrendatario por escrito dicha actualización, expresando el porcentaje de alteración que se aplica y, en caso de así exigirlo el arrendatario, la oportuna certificación del INE (Instituto Nacional de Estadística).

Otro derecho del arrendador es el contemplado en el artículo 19 de la LAU, en relación a la **elevación de la renta por mejoras**. Así pues, el citado precepto, en el apartado primero, establece que:

> «La **realización por el arrendador de obras de mejora**, transcurridos cinco años de duración del contrato, o siete años si el arrendador fuese persona jurídica, **le dará derecho**, salvo pacto en contrario, **a elevar la renta anual en la cuantía que resulte de aplicar al capital invertido en la mejora**, el tipo de interés legal del dinero en el momento de la terminación de las obras incrementado en tres puntos, sin que pueda exceder el aumento del veinte por ciento de la renta vigente en aquel momento».

Por su parte, el artículo 22 de la LAU reconoce el derecho del arrendador a **realizar obras de mejora cuya ejecución no pueda razonablemente diferirse hasta la conclusión del arrendamiento**, debiendo notificarle por escrito al arrendatario, al menos con tres meses de antelación, la naturaleza de la obra, el comienzo, la duración y el coste previsible. De igual manera se contempla en el artículo 1558 del Código Civil cuando establece que «si durante el arrendamiento es necesario hacer alguna reparación urgente en la cosa arrendada que no pueda diferirse hasta la conclusión del arriendo, tiene el arrendatario obligación de tolerar la obra, aunque le sea muy molesta, y aunque durante ella se vea privado de una parte de la finca».

Para el supuesto en el que exista incumplimiento de las obligaciones, si es el arrendatario quien las incumple, eso dará derecho al arrendador a **exigir el cumplimiento de la obligación o a promover la resolución del contrato**. Así lo establece el artículo 27 de la LAU, que además estipula que el arrendador podrá resolver de pleno derecho el contrato por las causas siguientes:

- La falta de pago de la renta o, en su caso, de cualquiera de las cantidades cuyo pago haya asumido o corresponda al arrendatario.

- La falta de pago del importe de la fianza o de su actualización.

- El subarriendo o la cesión sin consentimiento.

- La realización de daños causados dolosamente en la finca o de obras no consentidas por el arrendador cuando el consentimiento de éste fuese necesario.

- Cuando en la vivienda tengan lugar actividades molestas, insalubres, nocivas, peligrosas o ilícitas.

- Cuando la vivienda deje de estar destinada de forma primordial a satisfacer la necesidad permanente de vivienda del arrendatario o de quien efectivamente la viniese ocupando, conforme a lo establecido en el artículo 7 de la LAU.

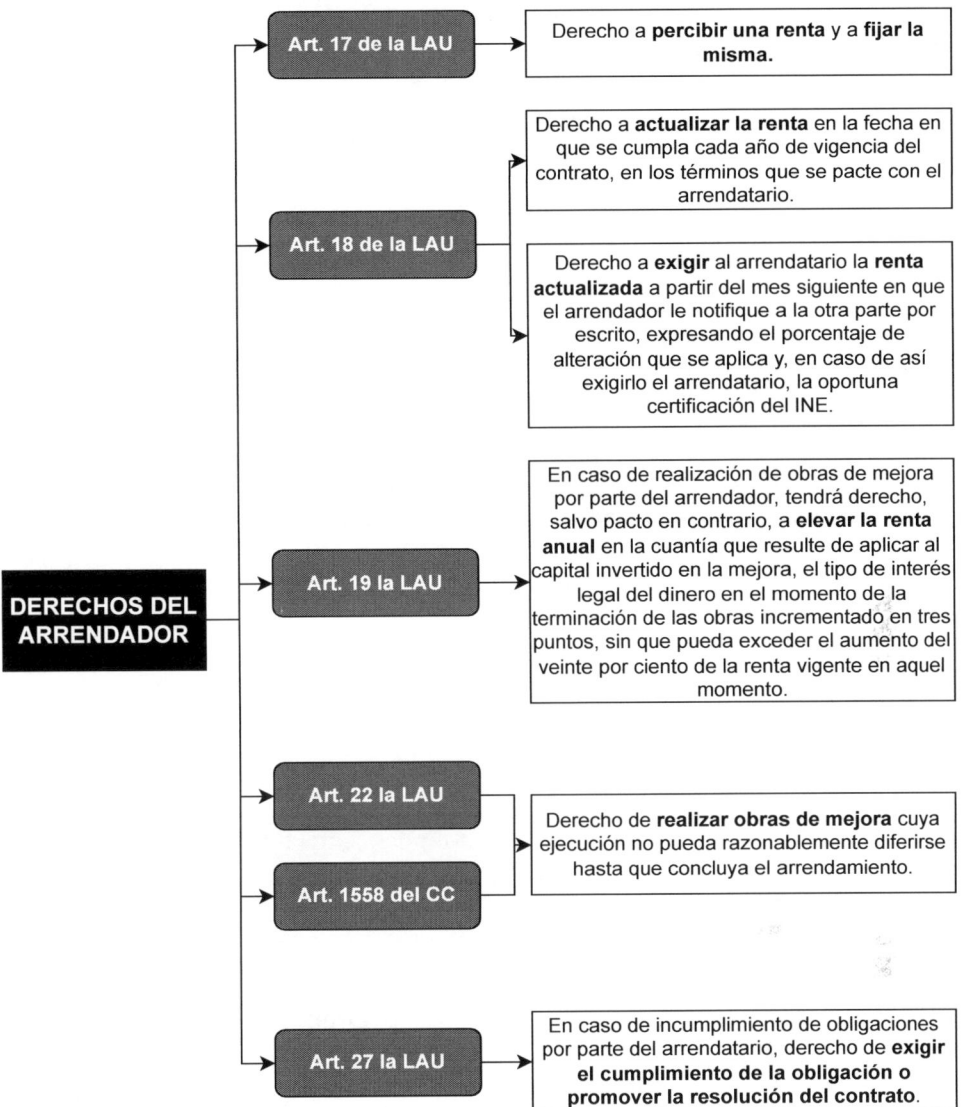

¿Cuáles son las obligaciones del arrendador?

Las obligaciones del arrendador están reguladas en los artículos 21 de la Ley de Arrendamientos Urbanos y en el 1554 del Código Civil.

Así pues, el primero de los preceptos citados, el artículo 21 de la LAU, establece la obligación del arrendador de realizar, **sin que ello suponga el derecho a elevar la renta**, todas las reparaciones que fuesen necesarias para la conservación de la vivienda en las condiciones de habitabilidad para servir al uso convenido, exceptuando aquellos supuestos en que el deterioro de cuya reparación se trate sea imputable al arrendatario, según lo establecido en los artículos 1563 y 1564 del Código Civil.

> **A TENER EN CUENTA.** El artículo 1563 del CC establece que «el arrendatario es responsable del deterioro o pérdida que tuviere la cosa arrendada, a no ser que pruebe haberse ocasionado sin culpa suya». Asimismo, el artículo 1564 del CC dota de responsabilidad al arrendatario sobre el deterioro causado por las personas de su casa.

En esta línea, es importante señalar que la obligación de reparación tiene su límite en la destrucción de la vivienda por causa no imputable al arrendador, quedando a lo dispuesto por el artículo 28 de la LAU.

> «El contrato de arrendamiento se extinguirá, además de por las restantes causas contempladas en el presente Título, por las siguientes:
> a) Por la pérdida de la finca arrendada por causa no imputable al arrendador.
> b) Por la declaración firme de ruina acordada por la autoridad competente».

En lo que respecta a la regulación del Código Civil, es el artículo 1554 del mismo texto legal el que estipula las obligaciones del arrendador. Así pues:

> «El arrendador está obligado:
> 1° A entregar al arrendatario la cosa objeto del contrato.
> 2° A hacer en ella durante el arrendamiento todas las reparaciones necesarias a fin de conservarla en estado de servir para el uso a que ha sido destinada.
> 3° A mantener al arrendatario en el goce pacífico del arrendamiento por todo el tiempo del contrato».

En este sentido, manifiesta el **Tribunal Supremo en su sentencia n.º 596/2011, de 29 de febrero de 2012, ECLI:ES:TS:2012:1588**, que «el artículo 1554 CC, en sus números 2 y 3, con carácter general, así como el artículo 21 LAU de 1994, de forma más específica, obligan al arrendador, por el tiempo del contrato, a hacer en la cosa objeto del contrato todas las reparaciones a fin de conservarla en estado de servir para el uso a que ha sido destinada, y a mantener al arrendatario en el goce pacífico del arrendamiento, para lo cual el artículo 1559.2 exige al arrendatario poner en conocimiento del dueño, con la misma urgencia, la necesidad de todas las reparaciones comprendidas en el número 2.º artículo 1.554, señalando el artículo 1556 que si el arrendador o el arrendatario no cumplieren las obligaciones expresadas en los artículos anteriores, podrán pedir la rescisión del contrato y la indemnización de daños y perjuicios, o sólo esto último, dejando el contrato subsistente (STS de 26 de noviembre de 2008 [RC n.º 2417/2003])».

RESOLUCIÓN RELEVANTE

Sentencia de la Audiencia Provincial de Cantabria n.º 532/2020, de 5 de octubre, ECLI:ES:APS:2020:714

«De acuerdo al régimen general del art. 1554 CC, son obligaciones propias del arrendador la entrega de la cosa en condiciones de servir para el uso y disfrute de la misma, la de conservarla para el mismo fin haciendo las reparaciones necesarias y la de mantener al arrendatario en su goce pacífico durante todo el tiempo del arriendo.

2. Tampoco podemos olvidar que el art. 1553 CC indica que "son aplicables al contrato de arrendamiento las disposiciones sobre saneamiento contenidas en el título de la compraventa". Cuando el arrendador entrega la cosa objeto del arrendamiento con vicios ocultos está obligado al saneamiento de acuerdo con las disposiciones de la compraventa (arts. 1474 a 1499 CC), que tienen que ser integradas con la propia obligación que tiene el arrendador, impuesta por el art. 1554.1º y 2º CC, de entregar la cosa arrendada para que sirva al uso convenido y hacer todas las reparaciones necesarias a fin de conservarla en estado de servir para el uso al que ha sido destinada.

3. La efectividad del art. 1553 CC es relativa ante la presencia del art. 1554 CC, que define unas obligaciones más amplias que las de saneamiento de la compraventa y cuyo incumplimiento se sanciona en el art. 1556 CC: si el arrendador no cumple, el arrendatario puede pedir la resolución del contrato y la indemnización de daños y perjuicios, o sólo esto último, dejando subsistente el contrato. Por tanto, resolución o conservación, extinción o cumplimiento, pero exigiendo ésta última por ser el propósito de la arrendataria, no resulta cuestionable que junto con la indemnización de los daños y perjuicios puede también interesarse la realización de las actuaciones u obras precisas para que el arrendador mantenga al inquilino en las condiciones de aptitud precisas para que pueda gozar de forma pacífica de la vivienda y para que, por tanto, sirva a su fin primordial, el fin residencial. El reconocimiento de la exigencia de esta prestación se incorpora expresamente en el art. 1554.2º LEC».

En lo referente al pago de la renta, establece el artículo 17 de la LAU que el arrendador está obligado a **entregarle al arrendatario el recibo del pago**, exceptuando cuando se hubiese pactado por éste que se realice a través de procedimientos que acrediten un cumplimiento efectivo de la obligación de pago por parte del arrendatario.

En última instancia, hay que mencionar el artículo 36 de la LAU, donde se regula la obligación del arrendador de **exigir una fianza en metálico** en una cantidad equivalente a una mensualidad de la renta en el arrendamiento de viviendas.

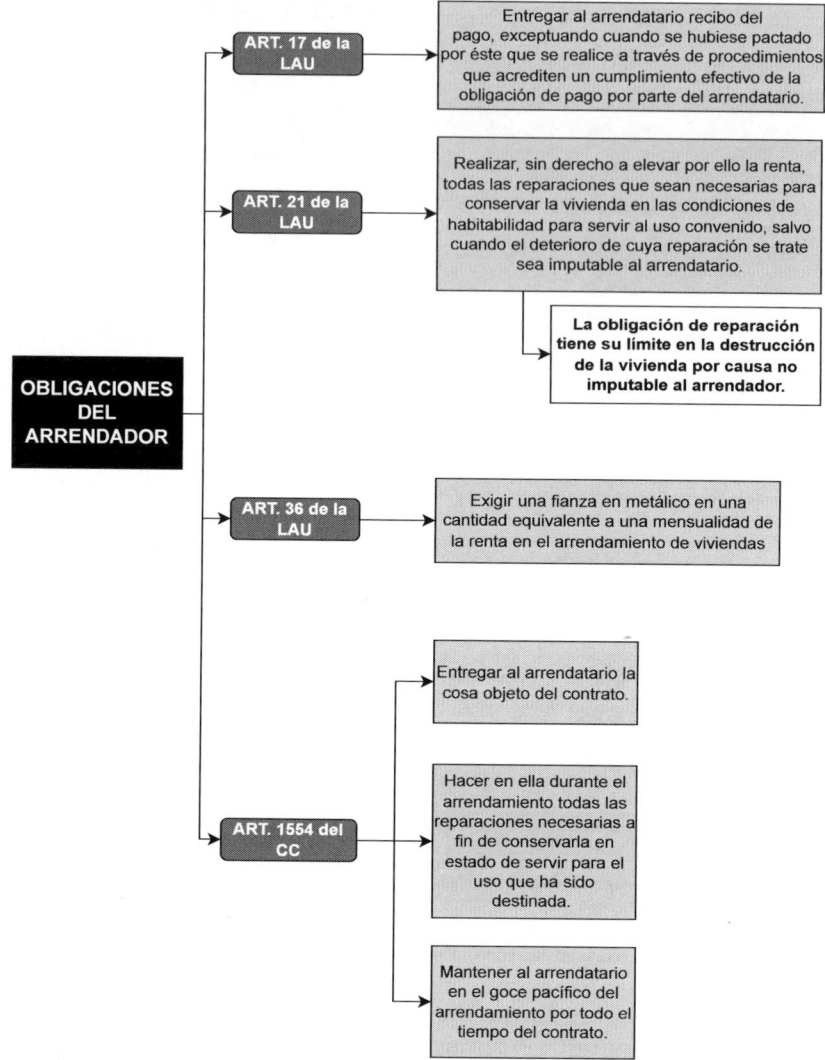

1.1. Obras del arrendador en la vivienda arrenda

Obras realizadas por el arrendador en la vivienda alquilada

En la Ley 29/1994, de 24 de noviembre, de Arrendamientos Urbanos se reconocen una serie de obras que puede realizar el arrendador en una vivienda alquilada. En este sentido, destacamos las siguientes:

– Obras de mejora (artículo 22 de la LAU).

– Obras de conservación (artículo 21.2 de la LAU).

– Pequeñas reparaciones (artículo 21.4 de la LAU).

1.1.1. Introducción de mejoras en la vivienda arrendada

Las obras de mejora en la vivienda arrendada deben ir más allá a una simple conservación. En este sentido, establece el artículo 22 de la LAU que:

«1. El arrendatario estará obligado a soportar la realización por el arrendador de obras de mejora cuya ejecución no pueda razonablemente diferirse hasta la conclusión del arrendamiento.

2. El arrendador que se proponga realizar una de tales obras deberá notificar por escrito al arrendatario, al menos con tres meses de antelación, su naturaleza, comienzo, duración y coste previsible. Durante el plazo de un mes desde dicha notificación, el arrendatario podrá desistir del contrato, salvo que las obras no afecten o afecten de modo irrelevante a la vivienda arrendada. El arrendamiento se extinguirá en el plazo de dos meses a contar desde el desistimiento, durante los cuales no podrán comenzar las obras.

3. El arrendatario que soporte las obras tendrá derecho a una reducción de la renta en proporción a la parte de la vivienda de la que se vea privado por causa de aquéllas, así como a la indemnización de los gastos que las obras le obliguen a efectuar».

Así pues, de conformidad con el tenor literal del mencionado artículo, **el arrendatario está obligado a soportar la realización de obras de mejora por parte del arrendador** en cualquier momento, cuando su ejecución no pueda razonablemente diferirse hasta que finalice el arrendamiento, en cuyo caso:

– El **arrendador debe notificar al arrendatario, al menos con tres meses de antelación,** su naturaleza, inicio, duración y coste previstos.

Al igual que ocurría con las obras de reparación, la norma no dice nada acerca de la forma que debe tener la citada comunicación, si bien es aconsejable que esta conste de forma fehaciente.

– El **arrendatario puede optar, durante el plazo de un mes, por desistir del contrato si las obras afectan de forma relevante a la vivienda alquilada, o soportar las obras.**

Si desiste, el contrato quedará extinguido en el plazo de dos meses desde el desistimiento y sin que en ese plazo puedan tener lugar las obras.

Si soporta las obras, tendrá derecho a una reducción de la renta en proporción a la parte de la vivienda de la que se vea privado durante el tiempo que duren las mismas, más la indemnización de aquellos gastos que se vea obligado a realizar.

- Cuando la **ejecución de las obras sea acordada por una autoridad competente y la hagan inhabitable, el arrendatario podrá suspender el contrato** sin abonar temporalmente la renta o desistir del mismo, sin indemnización.

Hay numerosa jurisprudencia sobre la **calificación o no de una mejora como forzosa por este motivo**, y un ejemplo de ello sería la **sentencia de la Audiencia Provincial de Barcelona n.º 614/2018, de 21 de septiembre, ECLI:ES:APB:2018:7816**, la cual manifiesta lo siguiente:

«Estas obras de mejora "forzosas u obligatorias" vinculan al arrendatario, quien deberá tolerarlas aun cuando le ocasionen graves molestias, y, por lo tanto, afecten a las condiciones de habitabilidad predispuestas en la vivienda o local para servir al uso convenido.

Estas mejoras "obligatorias o forzosas", previstas en el artículo 22.1 de la LAU, comprenden las obras impuestas al arrendador en la vivienda o local o en sus accesorios por la ley o por una resolución judicial o administrativa firme, es decir, aquellas obras cuya ejecución escapa a la voluntad de los particulares; y, en caso de departamentos sujetos al régimen de Propiedad Horizontal, aquellas obras que afecten a los elementos comunes del inmueble cuando tales obras hayan sido acordadas legítimamente por la comunidad de propietarios.

El arrendador que se vea compelido a realizar una obra de este tipo tiene el deber de notificarlo al arrendatario por escrito. El contenido de esa notificación se extiende a los siguientes extremos: naturaleza, comienzo, duración y coste previsible».

Determinadas mejoras pueden venir, además, impuestas al arrendador en la vivienda o en sus accesorios por la normativa o por una resolución judicial o administrativa firme, en cuyo caso serán obligatorias (imaginemos, por ejemplo, obras de mejora derivadas de una ITE de un edificio), sin perjuicio de las facultades del arrendatario previstas en los **art. 22 y 26 de la LAU** a las que nos hemos referido con anterioridad.

A TENER EN CUENTA. El artículo 26 de la Ley de Arrendamientos Urbanos establece lo siguiente:

«Cuando la ejecución en la vivienda arrendada de obras de conservación o de obras acordadas por una autoridad competente la hagan inhabitable, tendrá el arrendatario la opción de suspender el contrato o de desistir del mismo, sin indemnización alguna.

La suspensión del contrato supondrá, hasta la finalización de las obras, la paralización del plazo del contrato y la suspensión de la obligación de pago de la renta».

RESOLUCIÓN RELEVANTE
Sentencia de la Audiencia Provincial de Barcelona n.º 277/2021, de 26 de abril, ECLI:ES:APB:2021:4306

«En este sentido, paralelamente a la obligación del arrendador de "realizar, sin derecho a elevar por ello la renta, todas las reparaciones que sean necesarias para conservar la vivienda en las condiciones de habitabilidad para servir al uso convenido, salvo cuando el deterioro de cuya reparación se trate sea imputable al arrendatario a tenor de lo dispuesto en los arts. 1563 y 1564 del Código Civil" (artículo 21.1 LAU) y a la del arrendatario de "soportar la realización por el arrendador de obras de mejora cuya ejecución no pueda razonablemente diferirse hasta la conclusión del arrendamiento" (artículo 22.1), la LAU prevé la posibilidad (artículo 26) de que, "cuando la ejecución en la vivienda arrendada de obras de conservación o de obras acordadas por una autoridad competente la hagan inhabitable", el arrendatario opte entre suspender el contrato o desistir del mismo sin indemnización alguna, por lo que es el cese de la obligación de pagar la renta la contraprestación que la ley establece para el arrendatario por la suspensión, de modo que la equivalencia de las prestaciones —en este caso, de la ausencia de prestaciones: cesa la ocupación y cesa el pago— restablece el equilibrio sinalagmático del contrato suspendido, debiendo limitarse el efecto, pues, al expresado de la suspensión del pago de la renta. En caso de optar por la suspensión, ésta "supondrá, hasta la finalización de las obras, la paralización del plazo del contrato y la suspensión de la obligación de pago de la renta", no existiendo obligación alguna de indemnizar por parte del arrendador».

¿Las obras de mejora dan derecho a elevar la renta?

Para dar respuesta a esta cuestión hay que acudir a lo establecido en el artículo 19 de la LAU, a tenor del cual, si el arrendador realiza obras de mejora una vez transcurridos 5 años de contrato (7 años si es persona jurídica), tendrá **derecho a elevar la renta anual**:

- **Cuantía**: la que resulte de aplicar el tipo de interés legal del dinero vigente incrementado en 3 puntos, al capital invertido en la mejora.

  En una mejora de varias fincas de un edificio en régimen de propiedad horizontal, el arrendador deberá repartir el capital invertido de forma proporcional entre todas ellas, conforme a su cuota de participación. Y si se trata de edificios no incluidos en ese régimen, el reparto proporcional se realizará de común acuerdo entre arrendador y arrendatarios o, en su defecto, de forma proporcional a la superficie de la finca arrendada.

  En ese capital invertido no se incluyen las subvenciones públicas obtenidas para realizar las obras.

- **Tope**: el 20 % de la renta vigente (se trata de la renta vigente a la terminación de las obras).

A TENER EN CUENTA. El artículo 19 de la LAU no será de aplicación para los contratos de arrendamiento celebrados antes del 06/03/2019 ya que continuarán rigiéndose por lo establecido en el régimen jurídico que les era de aplicación de acuerdo con la disposición transitoria primera del **Real Decreto-ley 7/2019, de 1 de marzo, de medidas urgentes en materia de vivienda y alquiler**. Sin perjuicio de ello, cuando las partes lo acuerden y no resulte contrario a las previsiones legales, los contratos preexistentes podrán adaptarse al régimen jurídico establecido en este real decreto-ley.

En este caso también la elevación de la renta será exigible al arrendatario a partir del mes siguiente al de notificación de la nueva cuantía, con detalle de los cálculos para determinarla y copias de los documentos que reflejen el coste de las obras, una vez finalizadas.

En todo caso, las partes podrán pactar lo que estimen conveniente en relación con las mejoras de la vivienda.

Se distingue entre **mejoras útiles y suntuarias, estas últimas de tipo decorativo y no necesarias.** Si es el arrendatario quien las realiza, no deberá alterar la forma y sustancia de la vivienda y podrá retirarlas si ello fuera posible sin detrimento de los bienes en aquella, sin derecho a reembolso en caso contrario ni a exigir indemnización alguna por ellas.

Por último, y en el ámbito específico de la instalación o la adaptación de una infraestructura común de acceso a los servicios de telecomunicaciones en el interior de un edificio en régimen de propiedad horizontal, tal instalación se considera obra de mejora a estos efectos.

Obras de mejora o acondicionamiento por el arrendatario a cambio de la renta (arrendamiento «ad meliorandum»)

Estamos ante un contrato atípico, que la doctrina y la jurisprudencia han admitido y denominado arrendamiento *ad meliorandum*, en base a la libertad de pacto y autonomía de la voluntad consagrada en el artículo 1255 del Código Civil. Así, el mencionado precepto establece que «los contratantes pueden establecer los pactos, cláusulas y condiciones que tengan por conveniente, siempre que no sean contrarios a las leyes, a la moral ni al orden público». En este sentido, resulta interesante la lectura de la **sentencia del Tribunal Supremo de 13 de diciembre de 1993, ECLI:ES:TS:1993:17841.**

Se regula conforme a lo establecido en el Código Civil y no conforme a la LAU, sobre todo en lo relativo a la posibilidad de su resolución por el cauce del juicio de desahucio en cuanto a las acciones que asisten al arrendador en virtud de lo dispuesto en el artículo 1569 del Código Civil, en relación con lo preceptuado en el art. 1561 del CC y los artículos concordantes del título XVII, libro II de la Ley de Enjuiciamiento Civil.

A tenor de lo manifestado por la **Audiencia Provincial de Barcelona en la sentencia n.º 340/2011, de 16 de junio, ECLI:ES:APB:2011:13921,** en el arrendamiento *ad meliorandum*, la arrendataria asume entre sus obligaciones el pago de las obras de adaptación y mejora que quedarán en beneficio de la propiedad, pero no se trata de un arrendamiento de finca urbana sujeto a la LAU, al faltar el requisito de certeza del precio y, por tanto, hay que estar a lo expresamente pactado.

A TENER EN CUENTA. No se debe confundir esta tipología de contrato con un contrato de arrendamiento con precio cierto consistente en dinero y, por tanto, sujeto a la LAU, en el que se pacte un reemplazamiento temporal del pago de la renta por la realización de determinadas obras de reforma o rehabilitación en la vivienda arrendada, conforme a lo estipulado en el art. 17.5 de la LAU.

1.1.2. Obras de conservación

Obras de conservación y reparación realizadas por el arrendador en la vivienda alquilada

|| Obras de conservación

Cuando hablamos de obras de conservación de la vivienda, debemos remitirnos al artículo 21 de la Ley de Arrendamientos Urbanos. Por **obras de conservación de la vivienda** se entienden todas aquellas reparaciones que estén destinadas a la conservación de la vivienda en las condiciones de habitabilidad para servir al uso convenido. Respecto a estas reparaciones tiene la obligación de realizarlas el **arrendador**, salvo que se trate de un caso de deterioro, cuya reparación sea imputable al arrendatario, de acuerdo con lo establecido en los artículos 1563 y 1564 del Código Civil, los cuales establecen, respectivamente, que «el arrendatario es responsable del deterioro o pérdida que tuviese la cosa arrendada, a no ser que pruebe haberse ocasionado sin culpa suya», siendo también responsable «del deterioro causado por las personas de su casa».

Esta obligación de reparación que tiene el arrendador tiene su límite en la destrucción de la vivienda por una causa que no le sea imputable, atendiendo, a este efecto, a lo establecido en el artículo 28 de la LAU, sobre las causas de extinción del arrendamiento. Así, dicho precepto señala como causas de extinción del contrato de arrendamiento, entre otras:

— La pérdida de la finca arrendada por una causa que no le sea imputable al arrendador.

— La declaración firme de ruina acordada por la autoridad competente.

> **RESOLUCIÓN RELEVANTE**
>
> **Sentencia de la Audiencia Provincial de Badajoz n.º 175/2021, de 1 de septiembre, ECLI:ES:APBA:2021:1125**
>
> *«El artículo 21 de la LAU dispone "1. El arrendador está obligado a realizar, sin derecho a elevar por ello la renta, todas las reparaciones que sean necesarias para conservar la vivienda en las condiciones de habitabilidad para servir al uso convenido, salvo cuando el deterioro de cuya reparación se trate sea imputable al arrendatario a tenor de lo dispuesto en los artículos 1.563 y 1.564 del Código Civil...... 2. Cuando la ejecución de una obra de conservación no pueda razonablemente diferirse hasta la conclusión del arrendamiento, el arrendatario estará obligado a soportarla, aunque le sea muy molesta o durante ella se vea privado de una parte de la vivienda. Si la obra durase más de veinte días, habrá de disminuirse la renta en proporción a la parte de la vivienda de la que el arrendatario se vea privado. 3. El arrendatario deberá poner en conocimiento del arrendador, en el plazo más breve posible, la necesidad de las reparaciones que contempla el apartado 1 de este artículo, a cuyos solos efectos deberá facilitar al arrendador la verificación directa, por sí mismo o por los técnicos que designe, del estado de la vivienda. En todo momento, y previa comunicación al arrendador, podrá realizar las que sean urgentes para evitar un daño inminente o una incomodidad grave, y exigir de inmediato su importe al arrendador...."*
>
> *De este precepto se deriva que las obras de conservación que el arrendatario se encuentra obligado a soportar son, a lo más, las muy molestas o las que privan de una parte de la vivienda (que generan derecho a rebaja de renta en proporción), nunca las obras que privan de habitabilidad de toda la vivienda».*

1.1.3. Pequeñas reparaciones

En cuanto a pequeñas reparaciones, el artículo 21 de la LAU, en su apartado 4, establece que «las pequeñas reparaciones que exija el desgaste por el uso ordinario de la vivienda, serán a cargo del arrendatario».

En este sentido, habremos de estar a lo dispuesto en los temas relativos a las obras realizadas por el arrendatario.

1.2. Exclusiones a la obligación de realizar obras de conservación o reparación en la vivienda arrendada

Supuestos de exclusión a la obligación de realizar obras de conservación o reparación en la vivienda arrendada

En la Ley de Arrendamientos Urbanos encontramos varios supuestos en los cuales el arrendador no está obligado a realizar obras de reparación o de conservación de la vivienda y son las siguientes:

– El supuesto regulado en el apartado primero del artículo 21 de la LAU, en el que el **deterioro sea imputable al arrendatario**. En este caso, sería el arrendatario, así como las personas de su casa, las responsables de dicho deterioro, a no ser que pudiese probar que se ha ocasionado por causa ajena a él.

A tenor de lo dispuesto en el artículo 1563 del Código Civil, se presume la responsabilidad del arrendatario, pues es el responsable del deterioro o la pérdida que pudiese tener la cosa arrendada, a no ser que pruebe que fue ocasionado sin culpa suya. Asimismo, el artículo 1564 del CC atribuye al arrendatario la responsabilidad del deterioro ocasionado por las personas de su casa. En cuanto a las mismas, basta que estén en la vivienda, sin más requisitos; pueden ser convivientes, empleados de hogar, visitantes, etc.

En este sentido, resulta interesante hacer mención de la **sentencia de la Audiencia Provincial de Alicante n.º 198/2012, de 4 de abril, ECLI:ES:APA:2012:1919,** la cual manifiesta que «la jurisprudencia establece que cuando el hecho determinante del daño se produce en un inmueble arrendado, el artículo 1.563 del Código civil, en cuanto responsabiliza al arrendatario del deterioro o pérdida que tuviere la cosa arrendada, a no ser que pruebe haberse ocasionado sin culpa suya, viene a establecer una presunción "iuris tantum" de culpabilidad contra el arrendatario, que impone a éste la obligación de probar que actuó con toda la diligencia exigible para evitar la producción del evento dañoso».

- La **destrucción de la vivienda o la pérdida de la finca arrendada por causa no imputable al arrendador**, y la **declaración firme de ruina** acordada por la autoridad competente, que además son causa de extinción del contrato de arrendamiento, ello en base a lo estipulado en el artículo 28 de la LAU.

- **Pequeñas reparaciones** que exija el desgaste por el uso ordinario de la vivienda, que serán de cargo del arrendatario según lo dispuesto en el art. 21.4 de la LAU.

- Obras de conservación y reparación del inmueble sujeto al **régimen de propiedad horizontal que afecten a los elementos comunes del edificio**.

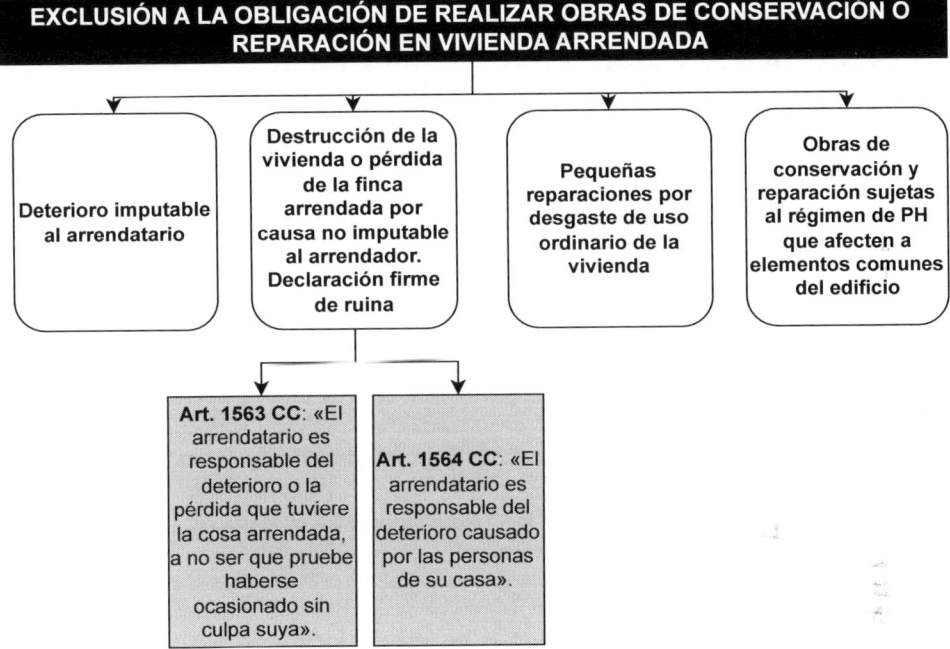

|| Comunicación de las necesidades de reparación

De conformidad con lo que impone el artículo 21.3 de la LAU en concordancia con el artículo 1559 del Código Civil, en relación con las reparaciones y la conservación el arrendatario tiene la obligación de:

- Poner en conocimiento del arrendador la necesidad de las reparaciones, en el **plazo más breve posible.**

- Facilitar al arrendador la posibilidad de verificar el estado de la vivienda de forma directa, por sí mismo o por los técnicos que designe.

Siendo responsable de los daños que por su negligencia se causen al propietario.

Nada dice la norma acerca de la forma que debe tener la citada comunicación, si bien, debería existir un medio de prueba, incluso testifical. Otra cosa es que sea conveniente que conste fehacientemente, teniendo en cuenta que de tal comunicación se derivan importantes consecuencias.

1.3. Cobertura del seguro en arrendamientos de vivienda

Cobertura del seguro en los arrendamientos de vivienda

El Real Decreto 716/2009, de 24 de abril, por el que se desarrollan determinados aspectos de la Ley 2/1981, de 25 de marzo, de regulación del mercado hipotecario y otras normas del sistema hipotecario y financiero, establece en su artículo 10 que aquellos bienes sobre los que se constituya una garantía hipotecaria deberán contar con un seguro contra daños que sea adecuado a la naturaleza de los mismos. Este seguro es para una vivienda hipotecada, pero ¿qué ocurre con las viviendas arrendadas?

Para el caso de las viviendas en alquiler no hay una regulación que concrete lo relativo al seguro. Así, es interesante hacer mención del artículo 4.2 de la Ley de Arrendamientos Urbanos, al establecer que «los arrendamientos de vivienda se regirán por los **pactos, cláusulas y condiciones determinados por la voluntad de las partes**, en el marco de lo establecido en el título II de la presente ley y, supletoriamente, por lo dispuesto en el Código Civil».

En los contratos de arrendamiento de vivienda en España es común incluir cláusulas relacionadas con seguros, especialmente seguros de responsabilidad civil y seguros multirriesgo del hogar. Estas cláusulas tienen como objetivo proteger tanto al arrendador como al arrendatario frente a posibles daños y perjuicios que puedan surgir durante la vigencia del contrato.

El **seguro de multirriesgo del hogar** cubre un abanico plural de riesgos, que coinciden con dar cobertura a los siniestros que tengan conexión con un inmueble y los bienes que se encuentren en su interior, es decir, tanto el continente como el contenido. Este tipo de seguros tienen un carácter plenamente indemnizatorio, es decir, solamente tiene derecho a percibir la indemnización el propietario del bien asegurado, como titular del interés.

Por su parte, un **seguro de responsabilidad civil**, según la definición dada por el Diccionario panhispánico del español jurídico, es aquel contrato «por el que el asegurador se obliga, dentro de los límites establecidos por la ley y en el contrato, a cubrir el riesgo del nacimiento a cargo del asegurado de la obligación de indemnizar a un tercero los daños y perjuicios causados por un hecho previsto en el contrato de cuyas consecuencias sea civilmente responsable el asegurado, conforme a derecho».

Resulta ilustrativa la lectura de la **sentencia del Tribunal Supremo n.º 204/2021, de 15 de abril, ECLI:ES:TS:2021:1366**, sobre la responsabilidad por unas filtraciones de agua que procedían del piso superior.

El Alto Tribunal para aclarar la responsabilidad por los daños por agua procedentes del local arrendado, e invocando su doctrina jurisprudencial (por ejemplo en la STS n.º 807/2003), determina que no imputarse responsabilidad al propietario de vivienda arrendada cuando el inquilino no ha advertido de la existencia de deficiencias en el inmueble, descartando la aplicación del art. 1907 del C. Civil, al no estar previsto para los supuestos de daños por inundación, ni tampoco la aplicación del art. 1910 (supuesto de «responsabilidad objetiva o por riesgo») imputa la responsabilidad al que habite la casa o parte de ella, y es un hecho probado que el propietario no la habitaba dado que estaba arrendada (sentencia n.º 384/1993, de 20 de abril).

Respecto a las personas obligadas a indemnizar, hace mención de este último artículo (1910) al establecer:

«una responsabilidad directa y objetiva del "cabeza de familia" que habite una casa o parte de ella, por las cosas que se arrojen o caigan desde la misma; de manera que responde también por acciones de otras personas, puesto que la acción de arrojar consiste en lanzar al vacío; y el referido sujeto responde de acciones de terceros de manera directa, no se establece regla alguna de solidaridad entre el "cabeza de familia" y el sujeto que haya arrojado o lanzado la cosa que causa el daño de cuyo resarcimiento se trate.

En el caso de daños ocasionados por cosas que se caen o que son arrojadas desde una vivienda, la responsabilidad civil extracontractual la imputa el art. 1910 CC al sujeto en quien concurra la condición de "cabeza de familia". La jurisprudencia ha precisado que se trata del sujeto o persona que la habita la casa o parte de ella, "por cualquier título como personaje principal de la misma, en unión de las personas que con él convivan, formando un grupo familiar o de otra índole" (SSTS de 20 de abril de 1993, de 6 de abril de 2001 y de 4 de diciembre de 2007, entre otras). En consecuencia, en el caso de un inmueble de uso residencial o destinado a vivienda, debe entenderse que la condición de "cabeza de familia", ordinariamente, recae sobre el padre y/o la madre; en cualquier otro supuesto de convivencia en la misma vivienda, todos los adultos que habiten en ella. Además, el cabeza de familia seguirá ostentando esta cualidad a pesar de no encontrarse en el inmueble cuando se produce el daño. Finalmente debe señalarse que cabeza de familia pueden ser tanto personas físicas como entidades o personas jurídicas.

Cuando se trata de un inmueble de uso no residencial, sedes de empresas, locales comerciales, inmuebles en los que se ejercen profesiones liberales, etc., y existen relaciones de subordinación, el «cabeza de familia» será el titular de dicho negocio o empresa, con independencia de su condición de persona física o jurídica. La exigencia de que el cabeza de familia "habite" el edificio se interpreta de una forma amplia. En efecto, el término habitar se entiende referido a cualquier tipo de uso, residencial o no, del que sea susceptible, desde una perspectiva material, el edificio o construcción de que se trate. Además, la jurisprudencia considera que la casa es habitada por el que posee el título para usar y disfrutar la "casa" en cuestión aun cuando todavía no la utilice, como acontece en el caso de edificios en construcción».

Concluyendo que no procede condenar a la «propietaria de la vivienda arrendada (de la que procedía el agua que generó la inundación) y que, por tanto no la habitaba (art. 1910 del C. Civil). Igualmente no fue advertida la propiedad de necesidad del mantenimiento de la vivienda (art. 21.3 LAU)».

También es cada vez más común que el arrendador contrate un **seguro de impago de alquiler**. Estos seguros nacen con el objetivo principal de proteger a los propietarios de inmuebles arrendados frente al riesgo de que los inquilinos no paguen las rentas acordadas. Este seguro cubre el eventual impago de la renta arrendaticia, garantizando así al arrendador el cobro de las mensualidades adeudadas por el arrendatario.

Como se detalla en varias webs de compañías de seguros, estas podrán realizar un estudio de viabilidad para comprobar los riesgos del arrendamiento, ya sea revisando que el arrendatario no se encuentre incluido en un fichero de morosos, conociendo sus ingresos para ver su capacidad para hacer frente al pago de la renta, etc.

Destacamos lo dispuesto por la Audiencia Provincial de Madrid en **sentencia n.° 419/2019, de 12 de septiembre, ECLI:ES:APM:2019:8551**, acerca de un contrato de seguro de impago de rentas de alquiler, cuya póliza no era del todo transparente. Nos ponemos en contexto. El arrendador había contratado un seguro de impago de rentas de alquiler que cubría hasta doce mensualidades de renta. Pasados unos meses desde la firma del contrato de arrendamiento, el inquilino deja de pagar la renta y el arrendador le reclama a la aseguradora que cubra esas cantidades (que ascienden a más de 6.000 euros), a lo que la aseguradora le contesta que el primer impago no está dentro de la cobertura, al operar el período de carencia de la póliza, y que por tanto no cubre esas cantidades.

Por ello el arrendador interpone una demanda contra la aseguradora que es desestimada al entender la sentencia de primera instancia que «las Condiciones Generales de la póliza supeditan la cobertura a que el impago de la renta por el inquilino se produzca transcurrido al menos un mes desde la suscripción de la póliza, la sentencia apelada estima que el primer impago se produce dentro del período de carencia de la póliza y por tanto el siniestro está excluido de su cobertura».

Contra esa sentencia interpone el arrendador un recurso de apelación alegando un comportamiento desleal de la parte demandada y propone la consideración de abusiva del párrafo 2.° de la cláusula 7.ª.1 de las Condiciones Generales que establece el citado plazo de carencia de un mes. Estima que no cumple los requisitos de transparencia al no haberse proporcionado al consumidor, con antelación suficiente al contrato, la información necesaria para que pueda valorar las consecuencias económicas que se derivan del contrato de seguro.

Por ello, la AP de Madrid considera que el plazo de un mes de carencia está contenido en las condiciones generales de la póliza y esta previsión no está expresamente aceptada por el asegurado en los términos del artículo 3 de la LCS de modo que ha de examinarse si ha de considerarse delimitadora del riesgo o limitativa de los derechos del asegurado.

«En aras de mantener un criterio uniforme y de procurar el reforzamiento de los principios de seguridad jurídica e igualdad en la aplicación de la Ley la sentencia del Pleno de la Sala 1.ª del Tribunal Supremo de 11-9-2006, n.º 853/2006, rec. 3260/1999 distingue entre cláusulas delimitadoras del riesgo y las limitativas de derechos y señala que las primeras "son aquellas mediante las cuales se concreta el objeto del contrato, fijando los riesgos que, de producirse, hacen que nazca en el asegurado el derecho a la prestación y, en la aseguradora, la recíproca obligación de atenderla, pertenecen al ámbito de la autonomía de la voluntad y constituyen la causa del contrato; de otro lado, cláusulas limitativas, serían aquellas otras que operan para restringir, condicionar o modificar el derecho del asegurado a la indemnización una vez que el riesgo objeto del seguro se ha producido". Esta misma sentencia señala que las segundas estarán sujetas al régimen del artículo 3 aceptación específica por escrito, mientras que para las primera es suficiente su aceptación genérica, al ser susceptibles de incluirse en las condiciones generales, de las que basta con la constancia de su aceptación por el asegurado, y a estos efectos es suficiente que en las condiciones particulares, se exprese, también de forma clara y precisa —pero genérica—, que se han recibido, conocido y comprobado dichas condiciones generales, lo que aquí no puede discutirse cuando consta su aportación —y por ende su conocimiento— por la tomadora del seguro.

Para la distinción de unas y otras sirva la sentencia del Tribunal Supremo 10-5-2005, rec. 4234/1998 que declara que será restrictiva de derechos la que "al identificar el riesgo, lo haga de un modo anormal o inusual, ya sea porque se aparte de la cobertura propia del tipo de contrato de seguro de que se trate (Sentencia de 23 de octubre de 2002), ya porque introduzca una restricción que haya que entender, en aplicación de un criterio sistemático en la interpretación, más limitado que el riesgo contractualmente aceptado de modo evidente"».

La sala entiende que la estipulación que dispone un periodo de carencia de un mes para que opere la cobertura de impago del alquiler tiene carácter limitativo de los derechos del asegurado.

«La condición general 7.ª, en cuanto modifica la vigencia de la póliza, posponiendo el inicio de la cobertura no en la fecha de su entrada en vigor coincidente con la del inicio del arriendo, sino al menos un mes después, implica una restricción a la cobertura y exige una aceptación específica por escrito que aquí no consta.

(...)

En este caso el asegurado suscribe un contrato en cuyas condiciones particulares se prevé que inicie sus efectos el 21 de junio de 2016 no obstante lo cual la condición general controvertida supedita la cobertura a que el siniestro tenga lugar tras un periodo de carencia de un mes. Esta previsión contradice la que podría deducirse de las condiciones particulares de la póliza contradiciendo, con carácter negativo para el asegurado, la reglamentación que resulta de las condiciones generales.

Se aprecia por ello por este tribunal la nulidad de la cláusula limitativa, dado que la aprobación expresa aparece como insoslayable norma imperativa, a tenor de lo dispuesto en el art. 2 de la L.C.S.».

Por lo tanto, declara nula y no oponible al asegurado la condición general 7.ª, párrafo 1.º en el inciso que establece el plazo de carencia de un mes para la entrada en vigor de la cobertura de impago de alquileres, y además reconoce el derecho del arrendador (asegurado) a recibir la indemnización pactada en el contrato de seguro.

> **A TENER EN CUENTA.** Algunas comunidades autónomas de nuestro país establecen subvenciones que ayudan a la contratación de este tipo de seguros, como por ejemplo La Rioja (Orden ATP/66/2022, de 19 de octubre, por la que se establecen las bases reguladoras del programa de ayuda para el pago del seguro de protección de la renta arrendaticia dentro del Plan Estatal para el acceso a la vivienda 2022-2025).

2.
RECLAMACIÓN DE REPARACIONES EN LA VIVIENDA ARRENDADA AL ARRENDATARIO

¿Qué entendemos por arrendatario?

El **arrendatario** es la persona que, en virtud de un contrato de arrendamiento, adquiere el derecho a usar y disfrutar temporalmente de un bien inmueble, generalmente una vivienda o un local, a cambio del pago de una renta al propietario o arrendador. En el contexto de la Ley de Arrendamientos Urbanos (LAU), el arrendatario tiene una serie de derechos y obligaciones, como el pago de la renta y el mantenimiento de la vivienda en buen estado, salvo el desgaste normal por el uso.

¿Qué obligaciones tiene el arrendatario respecto de la vivienda arrendada?

En cuanto a las obligaciones, y de acuerdo con lo establecido en el **artículo 1555 del CC**, el arrendatario está obligado a:

- **Pagar el precio del arrendamiento** en los términos convenidos.
- **A usar la cosa arrendada como un diligente padre de familia**, destinándola al uso pactado; y, en defecto de pacto, al que se infiera de la naturaleza de la cosa arrendada según la costumbre de la tierra.
- **A pagar los gastos** que ocasione la escritura del contrato.

Centrándonos ya en el ámbito de los daños o desperfectos que se puedan ocasionar a un inmueble arrendado, los principios básicos que han de regir esta materia pueden sintetizarse en los siguientes (**sentencia de la Audiencia Provincial de Barcelona n.º 392/2024, de 5 de junio, ECLI:ES:APB:2024:6504**):

- A falta de expresión del estado de la finca al tiempo de arrendarla, la ley presume que el arrendatario la recibió en buen estado, salvo prueba en contrario (**art. 1562 del CC**).

– Como ya hemos señalado anteriormente y de acuerdo con el **art. 1555.2 del CC**, a usar la vivienda arrendada con la diligencia de un buen padre de familia.

– El arrendatario debe devolver la finca, al concluir el arriendo, tal y como la recibió, salvo lo que hubiese perecido o se hubiera menoscabado por el tiempo o por causa inevitable.

– El arrendatario es responsable del deterioro o pérdida que tuviere la cosa arrendada, a no ser que se pruebe haberse ocasionado sin culpa suya, y es igualmente responsable del deterioro causado por las personas de su casa, de acuerdo con los **artículos 1563 y 1564 del CC**.

– Siempre que la cosa se hubiese perdido o deteriorado en poder del arrendatario, se presumirá, en virtud de lo previsto en el **artículo 1183 del CC**, que la pérdida o deterioro ocurrió por su culpa y no por caso fortuito, salvo prueba en contrario.

|| ¿Qué derechos tiene el arrendatario?

Los **derechos del arrendatario** son los siguientes:

– **Derecho a la reducción de la renta**. Si se realizan obras de mejora que afecten a la vivienda, el arrendatario tiene derecho a una reducción de la renta en proporción a la parte de la vivienda de la que se vea privado (**art. 22.3 de la LAU**).

– **Derecho a la indemnización de gastos**. El arrendatario puede exigir del arrendador una indemnización por los gastos que las obras le obliguen a efectuar (**art. 22.3 de la LAU**)

– **Derecho a la suspensión del contrato**. En caso de que las obras hagan inhabitable la vivienda, el arrendatario puede solicitar la suspensión del contrato (**art. 26 de la LAU**).

– **Derecho a desistir del contrato**. Si las obras de mejora afectan de manera significativa a la vivienda, el arrendatario puede desistir del contrato (**art. 11 de la LAU**).

– **Derecho de adquisición preferente**. En caso de enajenación onerosa de la finca arrendada, el arrendatario tiene derecho de tanteo y retracto, salvo en ciertos casos específicos (**art. 25 de la LAU**).

– **Derecho a subarrendar o ceder el contrato**. El arrendatario puede subarrendar la finca o ceder el contrato de arrendamiento, aunque generalmente necesita la autorización del arrendador (**art. 8 de la LAU**).

– **Derecho a la sucesión del contrato**. En caso de fallecimiento del arrendatario, el derecho de arrendamiento se transmite a sus herederos (**art. 16 de la LAU**).

Los anteriores derechos están diseñados para proteger al arrendatario y asegurar que pueda disfrutar de la vivienda arrendada en condiciones adecuadas y con ciertas garantías legales.

2.1. Desperfectos en la vivienda arrendada por el transcurso del tiempo y el uso ordinario

En primer lugar, y de acuerdo con el **artículo 21.4 de la LAU, las pequeñas reparaciones que exija desgaste por el uso ordinario de la vivienda serán a cargo del arrendatario.**

Un claro ejemplo práctico que podemos traer a colación para comprender a qué se refiere el referido precepto cuando hace referencia a «pequeñas reparaciones», lo encontramos en la **sentencia de la Audiencia Provincial de Barcelona n.º 5/2010, de 27 de enero, ECLI:ES:APB:2010:693,** en la que se analiza si los desperfectos en la vivienda que la parte arrendadora detalla en la demanda son imputables, o no, a la parte actora arrendataria. La audiencia en esta sentencia señala que, merecen tal valoración, arreglos como: «(...)"eliminar humedades del techo y cambiar maderas afectadas. Colocar farolas desaparecidas. Trabajos de jardinería y limpieza de piscina" por una parte, "colocar porta papel higiénico y arreglar puerta de armario. Cambiar cristal de ventana baño" por otra, y "reparar fisuras paredes y pintar habitaciones afectadas" por último, no pasan de ser meros repasos encaminados a dejar en perfecto estado una vivienda que ha estado ocupada durante los tres años anteriores». A su vez, la referida sentencia de la Audiencia Provincial de Barcelona establece:

> «En la sentencia dictada en el rollo 727/04 decíamos: "El artículo 1563 CC establece que es el arrendatario el responsable del deterioro de la cosa arrendada, y en interpretación de este precepto hemos dicho que sólo procede la indemnización cuando el deterioro que se aprecia en el piso supera los límites que pueden considerarse normales por el propio uso del mismo. La SAP Tarragona de 4.11.01 dice en este sentido que 'esa obligación no existe cuando el deterioro producido es fruto del mero transcurso del tiempo o causa inevitable, tal y como se deriva del art. 1561 C. Civil, lo que nos lleva a considerar que frente al deterioro grave se encuentra el producido por consecuencia del uso normal y ordinario de la cosa arrendada, que, por ello, implica un desgaste, a lo que procede unir el mero transcurso del tiempo que por sí solo deteriora o degrada muchos de los materiales o elementos de la construcción por efecto de los factores atmosféricos o físicos'".
>
> En esa misma sentencia añadíamos que "En definitiva, lo relevante a los efectos que nos ocupan es la acreditación de que el inmueble presentaba daños y la naturaleza de los mismos. Al igual que en el caso anterior, el artículo 217 Lec impone la carga de probar los hechos alegados a la parte que los aporta al proceso, como regla general y, conforme a lo expuesto, tendremos: a) si se han producido daños que excedan del deterioro derivado del uso ordinario de la cosa, responderá, salvo prueba en contrario el arrendatario; b) si los deterioros son los derivados de ese uso normal, deberá soportarlos el arrendador".
>
> **El artículo 21 Lau que cita el juez no es aplicable a este caso, ya que el mismo se refiere a las reparaciones a efectuar durante el arrendamiento.**

Y las de pequeña importancia las asigna al arrendatario. Pero cuestión distinta es quien ha de sufragar los deterioros derivados del mero uso y natural desgaste de la cosa arrendada, patentes cuando cesa el arriendo.

El análisis de los diversos conceptos reclamados por la demandada nos lleva, como hemos dicho, a la conclusión de que nos hallamos ante desperfectos de pequeña entidad, como asimismo lo refleja la cuantía misma de tales desperfectos. La rotura de un cristal, unas humedades cuyo origen no se conoce a ciencia cierta y que pueden haberse producido tras la entrega de la posesión, al estar cerrada la casa, la limpieza de la piscina, unas fisuras de origen desconocido o el tapado de agujeros en las paredes correspondientes a cosas colgadas en las paredes y pintura subsiguiente son conceptos que caen de pleno en el concepto de repaso de la vivienda tras tres años de ocupación por el inquilino.

Y, como tales, no son exigibles al arrendatario. Pensemos que el solo hecho de retirar un cuadro, ubicado durante tres años en una pared, deja una huella en la misma que obligará a pintarla, previo enmasillado del agujero que hubo que hacer para colgarlo. Lo mismo cabe decir del jardín de la casa: si está dos meses sin cuidados, al marcharse el arrendatario, enseguida se deteriora. Y lo mismo cabe decir de la piscina, por no hablar de esas farolas inicialmente desaparecidas y finalmente arrancadas y puestas en el garaje, en un periplo cuyas circunstancias se desconocen.

En definitiva, la casa se entregó en correcto estado, después de su uso durante casi tres años y la propietaria debió devolver la fianza al término del contrato. No habiéndolo hecho, debe estimarse la demanda y condenar a la demandada a que pague a la actora el importe reclamado, más los intereses devengados a partir de la demanda y las costas de la primera instancia, incluidas las ocasionadas por la reconvención, sin pronunciamiento en cuanto a las de este recurso; todo ello, de conformidad con los artículos 394 y 398 Lec».

Al respecto, también es interesante la **sentencia de la Audiencia Provincial de Granada n.º 47/2013, de 8 de febrero, ECLI:ES:APGR:2013:15**, que entiende que **si se obliga al arrendatario a soportar el devolver la vivienda al concluir el contrato en el mismo estado de conservación en que la recibiera, determina, correlativamente, el imponer al arrendador la realización, durante la vigencia del contrato, de aquellas reparaciones que resulten necesarias para la conservación de la vivienda en las condiciones de habitabilidad para servir al uso convenido**, quedando excluidas de la obligación impuesta al arrendador las que podrían denominarse reparaciones locativas, es decir, las ya referidas pequeñas reparaciones derivadas del desgaste por el uso ordinario de la vivienda, aludidas en el **artículo 21.4 de la LAU**, las cuales serán en todo caso de cuenta del arrendatario.

2.2. ¿Qué obras puede realizar en la vivienda el arrendatario?

Por regla general, el arrendatario no podrá realizar obras que modifiquen la configuración de la vivienda o los accesorios sin consentimiento expreso y por escrito del arrendador. Y si lo hace aun sin consentimiento, este podrá resolver el contrato conforme a lo dispuesto en el **art. 27.2.d) de la LAU**, o en su caso al finalizar el contrato:

Y, de acuerdo con el **artículo 23 de la LAU**:

«1. **El arrendatario no podrá realizar sin el consentimiento del arrendador, expresado por escrito, obras que modifiquen la configuración de la vivienda o de los accesorios** a que se refiere el apartado 2 del artículo 2. En ningún caso el arrendatario podrá realizar obras que provoquen una disminución en la estabilidad o seguridad de la vivienda.

2. Sin perjuicio de la facultad de resolver el contrato, **el arrendador que no haya autorizado la realización de las obras podrá exigir, al concluir el contrato, que el arrendatario reponga las cosas al estado anterior o conservar la modificación efectuada**, sin que éste pueda reclamar indemnización alguna.

Si, a pesar de lo establecido en el apartado 1 del presente artículo, el **arrendatario ha realizado unas obras que han provocado una disminución de la estabilidad de la edificación o de la seguridad de la vivienda o sus accesorios, el arrendador podrá exigir de inmediato del arrendatario la reposición de las cosas al estado anterior**».

Así, para que la realización de obras por parte del arrendatario en el inmueble arrendado pueda conllevar la resolución del contrato de arrendamiento deben de concurrir los siguientes dos requisitos (**sentencia de la Audiencia Provincial de la Rioja n.º 201/2013, de 6 de junio, ECLI:ES:APLO:2013:341**):

– Que las obras modifiquen la configuración del inmueble o debiliten la resistencia de los materiales empleados en su construcción.

– Que se hayan realizado las obras sin el consentimiento del arrendador.

Al respecto, es altamente interesante la lectura de la **sentencia de la Audiencia Provincial de Castellón n.º 295/2001, de 8 de junio, ECLI:ES:APCS:2001:807**, que sintetiza la doctrina al respecto de las obras por parte del arrendatario en los siguientes términos:

«1) Aunque pueda reputarse ilícita toda obra que sin consentimiento del arrendador exceda de los actos propios del uso cedido al arrendatario, invadiendo así las facultades de disposición inherentes al dominio del arrendador, solo aquella obra que por su peculiar entidad modifique la configuración de la vivienda o local legitima la resolución de la relación arrendaticia, sanción ésta que, por la gravedad y radicalidad de sus efectos, ha de utilizarse con la mayor cautela y con la equidad que pretende la ley al conferir al prudente criterio de los Jueces y Tribunales la misión de perfilar, en cada caso, los contornos de un concepto impreciso cual es el de configuración.

2) Este concepto no está definido de manera genérica o abstracta en ninguna norma legal, sino que es de naturaleza circunstancial y contingente, implicando un juicio comparativo entre la situación física anterior y posterior a la realización de las obras, tratando de ponderarse en dicho juicio de valor las particularidades concurrentes en cada caso concreto en el objeto arrendado.

3) Sobre estas bases generales, puede decirse en principio que el concepto jurídico indeterminado de configuración de la vivienda o local debe venir referido a la colocación exterior e interior de los parámetros, determinante del volumen, forma y distribución del recinto comprendido entre las paredes y techos que delimita el espacio arrendado, tanto en sentido horizontal como vertical (SSTS 27-9-1985 EDJ 1985/7576, 20-12-1988 EDJ 1988/9980, 30-1-1991 EDJ 1991/869).

4) En cualquier caso, cuando la modificación de la configuración es insignificante no puede justificar la resolución, ya que de darse lugar a la misma habría tal desproporción entre la causa y sus consecuencias que se rompería el equilibrio de justicia conmutativa en que debe ampararse el contrato y se llegaría a una conclusión jurídicamente absurda y, como tal, rechazable. De ello se sigue que para que pueda decretarse la resolución es preciso que las obras produzcan en la finca arrendada un cambio esencial, sensible y no meramente accidental o de detalle (SSTS 9-5 y 22-10-1960, 30-9-1964, 21-12-1966, 3-5-1967, 5-2- 1974)».

Pero **¿qué podemos entender por obras?** Tradicionalmente se ha venido exigiendo por parte de la jurisprudencia, a modo de ejemplo podemos citar la **STS de 30 de enero de 1991, ECLI:ES:TS:1991:130338** y la **STS n.° 1183/1997, de 26 de diciembre, ECLI:ES:TS:1997:7993** —referidas a la legislación anterior, pero de aplicación igual a la vigente— que sean de las llamadas obras fijas o de fábrica, empotradas al suelo y techo y practicadas con materiales de construcción, sin que por el contrario quepa aplicar este precepto cuando se trata de obras móviles, no adheridas a las paredes, suelos y techos, mediante obras de albañilería.

CUESTIONES

1. ¿Es necesaria la autorización del arrendador para la instalación de aire acondicionado?

Para dar respuesta a la anterior cuestión y, a modo de ejemplo, cabe traer a colación la sentencia de la Audiencia Provincial de Madrid, n.° 407/2011, de 12 de septiembre, ECLI:ES:APM:2011:11360. En el caso analizado en la referida sentencia las obras de instalación del aparato de aire acondicionado se llevaron a cabo con anterioridad a la formalización del contrato de arrendamiento, pero en fechas muy próximas a la firma del mismo, por lo que se entendió que todo ello excluye la necesidad de una autorización escrita en cuanto aquélla es por sí mismo un acto de consentimiento de la obra ejecutada, y que debe entenderse en el marco de la autorización propia del arrendador para facilitar la adaptación de la vivienda a las necesidades del inquilino.

2. ¿Y para sustituir una bañera por una ducha?

La Audiencia Provincial de Madrid en su sentencia n.° 189/2013, de 5 de abril, ECLI:ES:APM:2013:5253, señala que la sustitución de una bañera por una ducha, si bien, requiere una mínima obra, no modifica esencialmente la configuración del baño; además, como el caso que se analiza en la sentencia el arrendatario es una persona de avanzada, tal modificación no supondría un capricho ni siquiera a su comodidad, sino que sería una modificación que atiende a sus necesidades, por lo tanto la sustitución de una bañera por una ducha no supone una actitud del arrendatario merecedora de una sanción que suponga la resolución del contrato de arrendamiento por no haber solicitado la autorización del arrendador para la realización de dicha obra.

3. ¿Y para instalar gas ciudad en la vivienda arrendada, se necesita autorización del arrendador?

La respuesta la encontramos también en la sentencia anteriormente citada, al señalar: «En cuanto a la instalación de gas ciudad en la vivienda ello es consecuencia de la instalación hecha en la comunidad sobre los elementos comunes, enganchándose los pisos que así lo decidieron como el que es objeto del proceso; es obvio que la instalación supone el acceso al piso de las tuberías que llevan el gas y la necesidad de instalar un extractor en la cocina, pero ello no altera la configuración de la vivienda ni debilita su construcción, y antes bien supone una indudable mejora y adaptación a un suministro más cómodo y permanente de gas». Por lo que tampoco sería necesario contar con autorización del arrendador.

Un caso distinto es en el **arrendamiento de local,** ya que en este supuesto el arrendatario podrá realizar las obras necesarias para la instalación, adaptación o acondicionamiento del local arrendado para servir al destino pactado, si bien, es importante tener en cuenta que **dicha autorización ha de considerarse referida al tiempo de puesta en marcha del negocio, siempre y cuando estas obras o arreglos sean precisas para el desarrollo del negocio,** pero en ningún modo puede estimarse indefinida la facultad del arrendatario de establecer o introducir en un local, durante la vida del contrato, cambios que afecten a la configuración del mismo sin autorización del arrendador **(sentencia del Tribunal Supremo, rec. 1374/1992, de 10 de noviembre de 1995, ECLI:ES:TS:1995:5635).**

A TENER EN CUENTA. Las obras realizadas para cumplir la finalidad a la que iba dirigido el objeto del contrato no darán lugar a la sanción de resolución contractual y sobre todo cuando se trata de obras impuestas por decisión administrativa, pues se presumirá la necesidad de realizar las obras, no en interés del arrendatario, sino de la conservación del contrato en lo que constituye su presupuesto o finalidad esencial, sin que sea necesario para emprender las obras de adaptación entablar un litigio para que se declare el derecho del arrendatario a ejecutarlas (sentencia de la Audiencia Provincial de Madrid n.º 386/2010, de 15 de julio, ECLI:ES:APM:2010:12913).

2.3. Excepción: arrendatario con discapacidad

En primer lugar tendremos que tener en cuenta lo dispuesto en el **artículo 24 de la LAU:**

«1. El arrendatario, previa notificación escrita al arrendador, podrá realizar en el interior de la vivienda aquellas obras o actuaciones necesarias para que pueda ser utilizada de forma adecuada y acorde a la discapacidad o a la edad superior a setenta años, tanto del propio arrendatario como de su cónyuge, de la persona con quien conviva de forma permanente en análoga relación de afectividad, con independencia de su orientación sexual, o de sus familiares que con alguno de ellos convivan de forma permanente, siempre que no afecten a elementos o servicios comunes del edificio ni provoquen una disminución en su estabilidad o seguridad.

2. El arrendatario estará obligado, al término del contrato, a reponer la vivienda al estado anterior, si así lo exige el arrendador».

Además de la **disposición adicional 9.ª de la LAU**:

«A los efectos prevenidos en esta ley, la situación de minusvalía y su grado deberán ser declarados, de acuerdo con la normativa vigente, por los centros y servicios de las Administraciones Públicas competentes».

A TENER EN CUENTA. Cuando la referida **disposición adicional 9.ª de la LAU** hace referencia a «situación de minusvalía» ha de entenderse hecha a «situación de discapacidad».

Así, el **artículo 24** contempla la única excepción posible al **artículo 23** del mismo texto legal (el arrendatario siempre tiene que obtener el permiso del arrendador para hacer obras de mejora), siempre y cuando las obras son para mejorar la accesibilidad del inmueble, porque el arrendatario, su cónyuge o algún familiar conviviente tenga una discapacidad reconocida o más de 70 años (**sentencia de la Audiencia Provincial de Madrid n.º 460/2022, de 7 de diciembre, ECLI:ES:APM:2022:18058**).

Por su parte, la **Ley 15/1995, de 30 de mayo**, supedita el reconocimiento del derecho a ejecutar obras de adecuación de fincas urbanas en beneficio de las personas discapacitadas al cumplimiento de diversos requisitos. Entre estos se encuentra el de acompañar al escrito de notificación al propietario, a la comunidad o a la mancomunidad de propietarios, la necesidad de ejecutar tales obras y el proyecto técnico detallado de las obras a realizar (art. 4 de la Ley 15/1995, de 30 de mayo).

CUESTIONES

1. ¿Qué podemos entender por persona con discapacidad?

De acuerdo con el artículo 4.1 del Real Decreto Legislativo 1/2013, de 29 de noviembre, son personas con discapacidad aquellas que presentan deficiencias físicas, mentales, intelectuales o sensoriales, previsiblemente permanentes que, al interactuar con diversas barreras, puedan impedir su participación plena y efectiva en la sociedad, en igualdad de condiciones que los demás.

Además, tendrán la consideración de personas con discapacidad aquellas a quienes se les haya reconocido un grado de discapacidad igual o superior al 33 %. Además, a efectos de la sección 1.ª del capítulo V y del capítulo VIII del título I, así como del título II, se considerará que presentan una discapacidad en grado igual o superior al 33 % las personas pensionistas de la Seguridad Social que tengan reconocida una pensión de incapacidad permanente en el grado de total, absoluta o gran invalidez y las personas pensionistas de clases pasivas que tengan reconocida una pensión de jubilación o de retiro por incapacidad permanente para el servicio o inutilidad.

2. ¿A cargo de quién correrán los gastos que supongan las obras?

El gasto por las obras incumbe al interesado, por lo que no se podrán repercutir en el arrendador. El arrendatario podrá, eso sí, obtener ayudas o subvenciones públicas a los fines de rehabilitación de la vivienda habitual y permanente para que esta resulte accesible.

3.
PROCEDIMIENTO DE RECLAMACIÓN POR LA REALIZACIÓN DE OBRAS EN LA VIVIENDA ARRENDADA

Procedimiento de reclamación al arrendatario por la realización de obras en la vivienda arrendada

Se decidirán en el **juicio ordinario**, cualquiera que sea su cuantía, las demandas que versen sobre cualesquiera asuntos relativos a arrendamientos urbanos o rústicos de bienes inmuebles, salvo que estén reservados al juicio verbal.

Así, el **artículo 249.6.º de la LEC** preceptúa que se decidirán por juicio ordinario: «6.º Las que versen sobre cualesquiera asuntos relativos a arrendamientos urbanos o rústicos de bienes inmuebles, salvo que se trate de reclamaciones de rentas o cantidades debidas por el arrendatario o del desahucio por falta de pago o por extinción del plazo de la relación arrendaticia, o salvo que sea posible hacer una valoración de la cuantía del objeto del procedimiento, en cuyo caso el proceso será el que corresponda a tenor de las reglas generales de esta ley».

CUESTIÓN

¿Cómo realizarán los tribunales el cálculo de la indemnización a la hora de valorar los desperfectos en la vivienda?

De acuerdo con el Tribunal Supremo en su sentencia n.º 712/2011, de 4 de noviembre, ECLI:ES:TS:2011:6563, «El criterio seguido por la sentencia impugnada al aplicar un coeficiente de corrección al valor de construcción de una nueva vivienda se ajusta a la doctrina de esta Sala que, en casos similares al del recurso, ha considerado razonable tomar en consideración las circunstancias concurrentes en la finca dañada para reducir para la indemnización, en atención a razones de equidad y para evitar un enriquecimiento injusto (STS de 18 de julio de 2002, RC n.º 619/1997), tales como la vetustez de la finca (STS de 21 de octubre de 1987) u otros aspectos similares que la desmerecen».

3.1. Competencia

¿Quién será competente?

De acuerdo con lo establecido en la exposición de motivos de la LAU la competencia para conocer las controversias dentro de los procesos arrendaticios corresponde, **en todo caso, al juez de primera instancia del lugar donde esté sita la finca urbana,** excluyendo la posibilidad de modificar la competencia funcional por vía de sumisión expresa o tácita a un juez distinto.

Si bien, lo anterior no impide que las partes puedan pactar, para la solución de sus conflictos, la **utilización del procedimiento arbitral,** en este caso la competencia, tal y como establece el **artículo 545.1 de la LEC,** será competente para denegar o ejecutar el laudo arbitral, el juzgado de primera instancia del lugar en que se haya dictado el laudo o se hubiera firmado el acuerdo de mediación.

3.2. Carga de la prueba

¿A quién corresponde la carga de la prueba?

De acuerdo con el **artículo 1563 del CC:**

> «El arrendatario es responsable del deterioro o pérdida que tuviere la cosa arrendada, a no ser que pruebe haberse ocasionado sin culpa suya».

Así, de acuerdo con el mencionado artículo, existe una presunción de responsabilidad contra el arrendatario, debiendo probar, si quiere quedar exonerado, que los deterioros que presenta la cosa se han producido, sin culpa suya, por la acción del tiempo, por el uso normal o por causa inevitable.

Ahora bien, la presunción, que determina la inversión de la carga probatoria, solo afecta a la culpa, pero la realidad de los daños o desperfectos de la cosa arrendada y que los mismos se han ocasionado durante la vigencia del arriendo, esto es, la relación de causalidad, son circunstancias cuya acreditación corresponde al arrendador (**sentencia de la Audiencia Provincial de Barcelona n.º 2/2024, de 3 de enero, ECLI:ES:APB:2024:1).**

Otra sentencia interesante al respecto, es la **del Tribunal Supremo n.º 70/2016, de 17 de febrero, ECLI:ES:TS:2016:523,** que reza con el tenor literal siguiente:

> «Debemos precisar, ahora, que la **prueba que debe suministrar el arrendatario para desvirtuar la presunción del artículo 1563 CC** —la prueba de «haberse ocasionado sin culpa suya» el deterioro o perdida de la cosa arrendada— ha de ser la suficiente para acreditar que existe una **explicación causal del referido deterioro o pérdida que excluye que tal**

resultado dañoso sea imputable al arrendatario o, a tenor del siguiente artículo 1564 CC, a «las personas de su casa»: que excluya que el deterioro o pérdida pueda atribuirse a negligencia de aquél o éstas (prueba del caso fortuito); o, en el supuesto de desarrollarse en el inmueble arrendado una actividad peligrosa, que excluya que el evento dañoso fue realización de un riesgo típico de tal actividad (prueba de la fuerza mayor).

5.ª) Seguramente cabe coincidir con el ahora recurrente en que las actividades que él y su familia realizaban en la vivienda arrendada —las propias de sencillamente morar en ella— no pueden calificarse como peligrosas, aunque incluyeran el uso doméstico de gas butano; uso, que sí requiere, sin embargo, una especial diligencia. Por el contrario, no puede afirmarse con propiedad que la Audiencia a quo le haya impuesto una responsabilidad de carácter objetivo; porque ha fundado la condena a indemnizar:

En primer término, en la razonable conclusión fáctica de que la explosión fue producto de dos factores, ambos «atribuibles a los habitantes de la vivienda», al menos uno de los cuales —la acumulación de gas butano en la cocina— revelaba cierta negligencia de aquéllos: por obrar en autos un informe pericial que, como reflejó la sentencia de primera instancia, descartaba una fuga en la instalación de gas; y por no haber constancia de que estuviera debidamente cerrada la llave de paso del gas butano».

Por su parte, la **sentencia de la Audiencia Provincial de Barcelona n.º 175/2014, de 9 de abril, ECLI:ES:TS:2014**:

«(…) atendida la obligación del arrendador de entregar de tal modo, presunción, pues, de ese "estado", de forma que al arrendatario corresponde la carga de la prueba en contrario, lo que puede hacer a través de cualquiera de los medios admisibles en Derecho (bien entendido que, recibir en "buen estado" no significa recibir "nueva" sino en condiciones de habitabilidad, art. 1562 CC). (b) Asimismo, se presume iuris tantum (art. 1563 CC) que el deterioro o pérdida se produjo por culpa del arrendatario, correspondiendo a éste la prueba de su ausencia de culpa o negligencia (SSTS. 10.10.1971, 24.9.1983, ...y las antes citadas) al venir impuesta la carga (inversión de la carga de la prueba) por normativa legal específica a cada una de las partes en el proceso (SSTS. 13.4.1977, 24.9.1983, 18.5.1984, 12.12.1988, 6.4.1980,...).

Todo ello, sin perjuicio de los términos del contrato, en los que puede regularse tal obligación, pudiendo exigirse que la finca se devuelva, no precisamente en el estado en que se recibió sino en "mejor estado"; tanto por hechos jurídicos (ej., pacto expreso) como por actos negociales posteriores, puede alterarse el contenido real o jurídico».

Otra sentencia interesante al respecto es la **SAP de Barcelona n.º 787/2020, 4 de noviembre, ECLI:ES:APB:2020:11336**, que señala

«Frente a lo expuesto no podría prosperar la alegación de la recurrente en relación a que, dado el tiempo transcurrido entre la entrega de las llaves (4 de junio de 2018) y la constatación de los daños, las presunciones legales antes expuestas hubieran de resultar inaplicable. Y ello en la medida en que ya hemos dicho (sentencia 165/2020, de 12 de mayo, ROJ: SAP B

2767/2020 - ECLI:ES:APB:2020:2767) que de lo dispuesto en el artículo 36.4 de la Ley de Arrendamientos Urbanos se desprende "que una vez resuelto el contrato de arrendamiento el arrendador dispone de un mes parta devolver la fianza o, en su caso, determinar el saldo que proceda ser restituido". De este modo; dado que la entrega de llaves se produjo en fecha 4 de junio de 2018 y la constatación de los daños por los que se reclaman habrían sido constatados en fecha 2 de julio de 2018 (consta acreditado en autos que el técnico que emitió la valoración pericial de los mismos se personó en el inmueble a tales efectos en fecha 2 de julio del mismo año); no puede sostenerse que el tiempo transcurrido (dentro del plazo legalmente concedido a la arrendadora para ello) pueda operar como causa de exclusión de las presunciones legales antes expuestas».

3.3. Plazos

¿Cuál es el plazo de prescripción de la acción?

En este caso debemos atender a lo dispuesto en el CC ya que la LAU no dispone nada al respecto; así el artículo 1964.2 del CC establece que las acciones personales que no tengan plazo especial prescriben a los **5 años** desde que pueda exigirse la acción.

3.4. Procedimiento de reclamación de la fianza

Procedimiento para reclamar la fianza

Para reclamar la fianza por parte del arrendatario una vez finalizado el contrato de arrendamiento, será **el juicio verbal u ordinario, dependiendo de la cuantía**, el procedimiento a seguir.

Pero ¿existe algún plazo para devolver la fianza? Sí, de acuerdo con el artículo 36.4 de la LAU el saldo de la fianza en metálico que deba ser restituido al arrendatario al finalizar el contrato de alquiler, devengará el interés legal del dinero, transcurrido un mes desde la entrega de las llaves por el mismo sin que se hubiere hecho efectiva dicha restitución.

Por lo tanto, **la LAU establece el tiempo de cumplimiento de la obligación de restitución de la fianza en el mes siguiente a la fecha de entrega de llaves**. Si se incumple dicho plazo por el arrendador, **ello no supone que el arrendador pierda su derecho a verificar la reclamación de los perjuicios a** compensar con el importe de la fianza, ya que esto solo tendría lugar con la prescripción de la acción, sino que lo que genera este retraso es que el arrendador deba abonar intereses moratorios en la tasa del interés legal de manera automática, sin necesidad de requerimiento del arrendatario (**SAP Barcelona n.º 2/2024, de 3 de enero, ECLI:ES:APB:2024:1**).

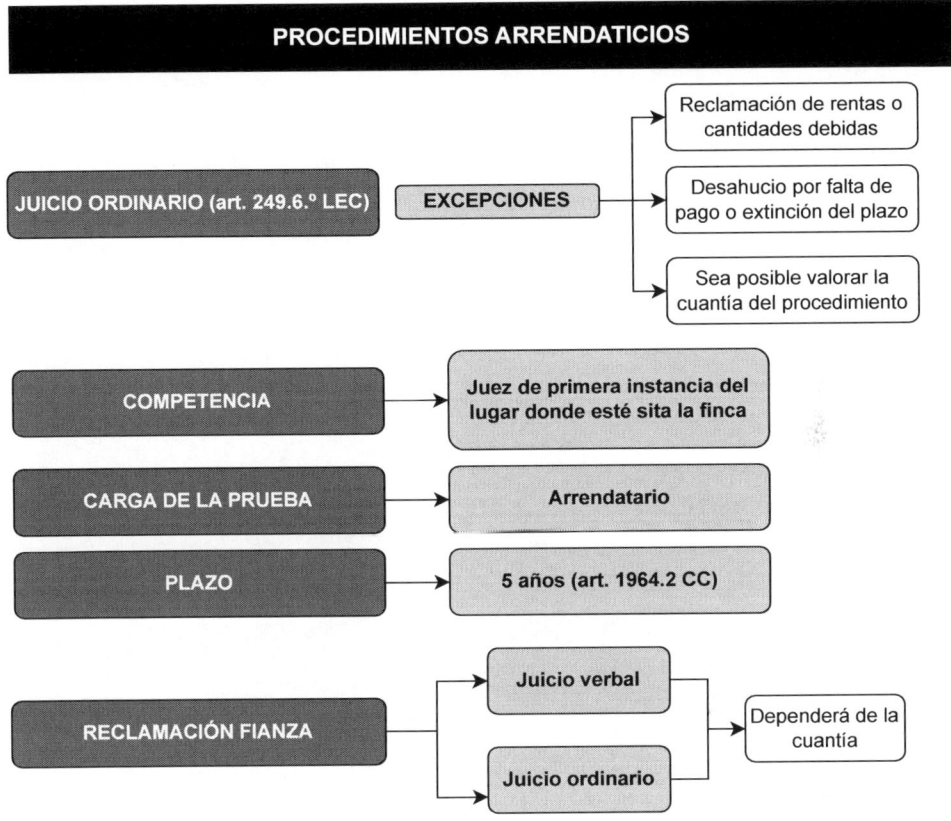

ANEXO.
CASOS PRÁCTICOS

Caso práctico | ¿Debe responder el arrendador de los daños producidos por un incendio causado por el arrendatario?

PLANTEAMIENTO

«A» tiene una vivienda arrendada a «B». Como consecuencia de haber dejado una vela encendida en el salón, se produjo un incendio en la vivienda. Ahora, la aseguradora de algunas de las viviendas afectadas en el edificio por el incendio reclama a «A», como arrendador, y a su aseguradora, el importe de los daños.

¿Debe hacerse cargo el arrendador de los perjuicios derivados por el incendio causado por el arrendatario?

RESPUESTA

No. Respecto de «A», porque él no ha sido el responsable del incendio; y en cuanto a su aseguradora, en el caso resuelto por la SAP de Málaga n.º 239/2008, rec. 1048/2007, de 25 de abril, ECLI:ES:APMA:2008:693, la AP concluye que la póliza no alcanzaba la cobertura del siniestro producido, bajo los siguientes argumentos:

«Considerando que, bajo este prisma y en el marco del artículo 73 de la Ley del Contrato de Seguro (RCL 1980, 2295), es de ver que el asegurado y tomador de la póliza es el Sr. Juan Pedro como propietario de la vivienda en la que ocurrió el siniestro, pero, a la vista de la forma en que ocurrieron los hechos, no se le puede imputar actuación negligente alguna de la que pueda nacer responsabilidad civil, de modo que, de forma derivada, tampoco la tendría su compañía aseguradora. En efecto, para que se declare la obligación de la aseguradora de indemnizar los perjuicios, es presupuesto esencial que el asegurado haya incurrido en responsabilidad, bien por culpa propia —artículo 1902 del Código Civil (LEG 1889, 27)— bien por culpa de tercero de la que deba responder —artículo 1903 del mismo texto legal— y nada de ello sucede en el presente caso. Como se ha anticipado, es cierto que en supuestos de incendio en una vivienda arrendada, como es el caso de autos, se plantea el problema de la determinación o la distribución de responsabilidad entre arrendador y arrendatario. La sentencia de la Sala Primera del Tribunal Supremo de 3 de febrero de 2005 (RJ 2005, 1836), en línea con las ya citadas, establece que, cuando se ha generado un incendio dentro del ámbito de control del poseedor de la cosa, bien sea el propietario o bien quién esté en contacto con ella, hay que presumir que le es imputable, salvo que pruebe que obró con toda la diligencia exigible para evitar la producción del evento dañoso. Y sobre quien deba ser considerado responsable cuando están disgregadas las facultades del dominio entre arrendador y arrendatario, concluye que, cuando el propietario es ajeno a la posesión y uso de la vivienda que había arrendado, no viene afectado por las consecuencias de tal uso en cuanto escapan a su poder de control o disposición. El artículo 1563 del propio Código Civil señala que el arrendatario es responsable de la pérdida y deterioro que tuviera la cosa arrendada a no ser que pruebe haberse ocasionado sin culpa suya, estableciendo con ello una presunción "iuris tantum" de culpabilidad contra el arrendatario, que le obliga a demostrar que el evento dañoso se produjo sin que él incurriese en negligencia de alguna. Cierto que el inquilino de la vivienda del Sr. Juan Pedro no ha sido traído al proceso, pero no lo es menos que dicha prueba no se ha producido en el caso que nos ocupa; al contrario, de lo actuado se desprende que el incendio se originó en la vivienda arrendada cuando en ella moraban sus inquilinos, y se desprende igualmente que la causa del incendio no es otra que la combustión de una vela en el salón de la vivienda, que es circunstancia indicativa de negligencia en el arrendatario, pero que en todo caso es ajena al propietario. *La presunción pretendida por la actora, en el ejercicio de la acción contenida en el artículo 43 de la Ley del Contrato de Seguro (RCL 1980, 2295), para que el propietario responda por los hechos acaecidos en su vivienda queda enervada por la prueba practicada en autos en relación con la negligencia de sus inquilinos, y, en definitiva, no resulta ajustada a derecho al no existir prueba alguna de que los elementos estructurales o principales de la vivienda estuvieran en mal estado y de que al propietario se le hubiere informado de ello y no hubiera cumplido con su obligación de repararlos; siendo entonces causa del incendio este incumplimiento por su parte. En consecuencia, no puede pretenderse la concurrencia de la culpa o negligencia del propietario-arrendador, al amparo del artículo 1902 o del 1903, ambos del Código Civil (LEG 1889, 27), en cuanto la evitación del siniestro no estaba a su alcance, ni se produjo éste por su falta de diligencia o por incumplimiento de los deberes que le son propios en orden al buen estado de conservación del inmueble arrendado y sus instalaciones y servicios. Y, no siendo el propietario del inmueble incendiado civilmente responsable de ese hecho ajeno, es claro que su compañía de seguros —la entidad apelante "Mapfre", con la que tiene suscrita una póliza de responsabilidad civil— tampoco debe responder civilmente en base a lo dispuesto en el artículo 73, ya citado, de la Ley del Contrato de Seguro, en cuanto se obliga a indemnizar a un tercero por hechos previstos en el contrato de cuyas consecuencias sea civilmente responsable el asegurado, conforme a derecho. Por todo lo expuesto ha de estimarse el recurso y por la solidaridad que se predica de las obligaciones correlativas de asegurado y aseguradora procede la desestimación de la demanda y la libre absolución de los codemandados con todos los pronunciamientos favorables».*

Caso práctico | Retención de la fianza por desperfectos en la vivienda

PLANTEAMIENTO

Al término del alquiler de una vivienda, ¿puede el propietario negarse a devolver la fianza alegando la existencia de desperfectos causados por el inquilino?

RESPUESTA

Puede, pero el arrendador deberá acreditar la existencia de los desperfectos, y descontar de la fianza únicamente el importe necesario para su reparación. Lo que no tiene la obligación de acreditar, conforme al art. 1562 del CC, es que los daños han sido causados por el arrendatario, dado que se presume, aunque admite prueba en contrario:

> «A falta de expresión del estado de la finca al tiempo de arrendarla, **la ley presume que el arrendatario la recibió en buen estado**, salvo prueba en contrario».

Conforme al art. 36.4 de la LAU, si transcurrido un mes desde la entrega de las llaves de la vivienda, el arrendador no ha restituido el importe de la fianza al arrendatario, dicha cantidad devengará el interés legal. Por lo tanto, **podemos entender que el arrendador tiene un mes para realizar las comprobaciones pertinentes y descontar la cantidad correspondiente a los desperfectos de la fianza.**

En caso de que no devuelva lo que reste, o de que **el arrendatario** no esté de acuerdo con la existencia o la valoración de los desperfectos, **puede instar el correspondiente procedimiento judicial previsto en la LEC.**

Caso práctico | Responsabilidad del arrendatario por desperfectos en la vivienda

PLANTEAMIENTO

«A», como arrendador, y «B», como arrendatario, suscribieron un contrato de arrendamiento de vivienda en 2020. Llegado el término del alquiler, «A» comprueba que varias paredes de la casa están desconchadas y tiene agujeros muy visibles, producto —probablemente— de la instalación de muebles u otros aparatos por «B», cuyo coste de reparación asciende a 2.000 euros.

¿Quién debe hacerse cargo de los gastos de la reparación?

RESPUESTA

El arrendatario, «B». El art. 1561 del CC establece que: «El arrendatario debe devolver la finca, al concluir el arriendo, tal como la recibió, salvo lo que hubiese perecido o se hubiera menoscabado por el tiempo o por causa inevitable». Lo que completa el art. 1563 cuando dice:

«El arrendatario es responsable del deterioro o pérdida que tuviere la cosa arrendada, a no ser que pruebe haberse ocasionado sin culpa suya».

Por su parte, el art. 21.4 de LAU, determina que las pequeñas reparaciones que exija el desgaste por el uso ordinario de la vivienda, serán de cargo del arrendatario.

En caso de controversia sobre quién es el responsable de haber causado los daños, las partes habrán de acudir al correspondiente proceso judicial, valorándose las pruebas conforme a las reglas establecidas en el art. 217 de la Ley de Enjuiciamiento Civil.

Caso práctico | ¿Quién debe pagar el arreglo del calentador de una vivienda arrendada?

PLANTEAMIENTO

El inquilino de una vivienda solicita a su arrendador que le arregle el calentador. El casero alega que en el contrato el arrendatario se estipuló que el arrendatario debe hacerse cargo de todas las reparaciones. ¿Es válida esta cláusula?

RESPUESTA

La cláusula no es válida en virtud del art. 6 de la LAU, pero ello no significa que el arrendador deba hacerse cargo de la reparación. **En caso de que la avería no sea imputable al arrendatario, será el arrendador quien deba reparar el calentador**, porque así lo impone el art. 21.1 de la LAU:

«1. El arrendador está obligado a realizar, sin derecho a elevar por ello la renta, todas las reparaciones que sean necesarias para conservar la vivienda en las condiciones de habitabilidad para servir al uso convenido, salvo cuando el deterioro de cuya reparación se trate sea imputable al arrendatario a tenor de lo dispuesto en los artículos 1.563 y 1.564 del Código Civil.

La obligación de reparación tiene su límite en la destrucción de la vivienda por causa no imputable al arrendador. A este efecto, se estará a lo dispuesto en el artículo 28».

Por el contrario, **en caso de que la avería que sufre la caldera se deba al desgaste por uso ordinario, será el inquilino quien deba hacer frente al coste de la reparación** (art. 21.4 de la LAU). En este sentido, la SAP de Zaragoza n.° 439/2005, de 28 de julio, ECLI:ES:APZ:2005:2112, dice:

«Es de mantener, por el contrario, el pronunciamiento de la sentencia apelada por el que se obliga a los arrendatarios demandados a abonar a la arrendadora los gastos de reparación del calentador de agua instalado en su vivienda, que habiendo sido entregado al inicio del arrendamiento en perfecto estado de uso, según se hizo constar en el contrato suscrito por ambas partes, se encontraba averiado cuando los demandados abandonaron la vivienda a la conclusión del contrato en fecha 10 de Diciembre de 2.004, siendo de cargo de los mismos, conforme a lo preceptuado en el artículo 21.4 de la Ley de Arrendamientos Urbanos, en relación con los artículos 1.561 y 1.563 del Código Civil, que imponen a todo arrendatario la obligación de devolver la finca, al concluir el arriendo, en las mismas condiciones en que la recibió, siendo responsable de su deterioro, salvo que pruebe que el mismo se ocasionó sin culpa suya, prueba inexistente en estos autos, disponiendo el citado artículo 21.4 de la L.A.U. que las pequeñas reparaciones que exija el desgaste por el uso ordinario de la vivienda serán de cargo del arrendatario».

Caso práctico | ¿Qué derechos tiene el inquilino cuando el arrendador debe realizar obras de mejora durante la vigencia del contrato?

PLANTEAMIENTO

El arrendador de «B» le comunica que debe realizar una serie de obras de mejora de la vivienda que no pueden postergarse a la conclusión del arrendamiento, por venir impuestas por la normativa urbanística.

1. ¿Puede «B» negarse a que se lleven a cabo las obras?

2. ¿Tiene derecho a alguna clase de indemnización o compensación, por los inconvenientes que las obras le pudieran causar?

RESPUESTA

1. No. Según el art. 22 de la Ley de Arrendamiento Urbanos:

> «1. El arrendatario estará obligado a soportar la realización por el arrendador de obras de mejora cuya ejecución no pueda razonablemente diferirse hasta la conclusión del arrendamiento.
> 2. El arrendador que se proponga realizar una de tales obras deberá notificar por escrito al arrendatario, al menos con tres meses de antelación, su naturaleza, comienzo, duración y coste previsible. Durante el plazo de un mes desde dicha notificación, el arrendatario podrá desistir del contrato, salvo que las obras no afecten o afecten de modo irrelevante a la vivienda arrendada. El arrendamiento se extinguirá en el plazo de dos meses a contar desde el desistimiento, durante los cuales no podrán comenzar las obras».

2. Sí, conforme al 22.3 de la LAU: «El arrendatario que soporte las obras tendrá derecho a una reducción de la renta en proporción a la parte de la vivienda de la que se vea privado por causa de aquéllas, así como a la indemnización de los gastos que las obras le obliguen a efectuar».

Caso práctico | ¿En qué casos puede solicitar el arrendador la resolución del contrato?

PLANTEAMIENTO

¿En qué casos puede solicitar el arrendador la resolución del contrato?

RESPUESTA

Las causas por las que el arrendador puede resolver el contrato se regulan en el art. 27.2 de la Ley de Arrendamientos Urbanos:

«2. Además, el arrendador podrá resolver de pleno derecho el contrato por las siguientes causas:

a) La **falta de pago de la renta** o, en su caso, de cualquiera de las cantidades cuyo pago haya asumido o corresponda al arrendatario.

b) La **falta de pago del importe de la fianza** o de su actualización.

c) El **subarriendo o la cesión inconsentidos**.

d) La **realización de daños causados dolosamente en la finca** o de **obras no consentidas** por el arrendador cuando el consentimiento de éste sea necesario.

e) Cuando en la vivienda tengan lugar **actividades molestas, insalubres, nocivas, peligrosas o ilícitas**.

f) Cuando **la vivienda deje de estar destinada de forma primordial a satisfacer la necesidad permanente de vivienda** del arrendatario o de quien efectivamente la viniera ocupando de acuerdo con lo dispuesto en el artículo 7».

Además, hay que tener en cuenta la previsión general que contiene el 27.1 de la LAU: «**El incumplimiento por cualquiera de las partes de las obligaciones resultantes del contrato dará derecho** a la parte que hubiere cumplido las suyas a exigir el cumplimiento de la obligación o **a promover la resolución del contrato** de acuerdo con lo dispuesto en el artículo 1.124 del Código Civil».

Caso práctico | En un inmueble arrendado se permiten las mascotas. ¿Está eximido el arrendatario del pago de los desperfectos causados por su perro?

PLANTEAMIENTO

«A» es inquilina en un piso propiedad de «B». «A» tiene un perro como mascota, hecho que puso en conocimiento de «B» antes de formalizar el contrato de arrendamiento. «B» no puso ningún inconveniente a que su inquilina conviviera con su mascota en el piso de su propiedad.

El perro de «A» causó distintos desperfectos en la vivienda.

El hecho de que «B» aceptara y no prohibiera que la mascota de «A» conviviera en el piso arrendado, ¿exime de responsabilidad a «A» por los daños causados por su perro?

RESPUESTA

No, no le exime de responsabilidad.

En primer lugar, cabe señalar que el **artículo 1905 del CC** señala:

> «**El poseedor de un animal, o el que se sirve de él, es responsable de los perjuicios que causare**, aunque se le escape o extravíe. Sólo cesará esta responsabilidad en el caso de que el daño proviniera de fuerza mayor o de culpa del que lo hubiese sufrido».

El citado artículo establece, por tanto, un sistema de responsabilidad objetiva que solo será excluida en los casos que se acredite razón de fuerza mayor.

En definitiva, «A» no podrá acogerse de ninguna manera a que el conocimiento por parte de la arrendadora de la tenencia del perro y la no prohibición contractual de tener mascotas en la vivienda arrendada, pueda suponer una exoneración de los daños causados por la mascota en la vivienda.

A TENER EN CUENTA. Para resolver el presente caso práctico nos hemos basado en la **sentencia de la Audiencia Provincial de Barcelona n.º 787/2020, de 4 de noviembre, ECLI:ES:APB:2020:11336**, cuya lectura recomendamos.

Caso práctico | Construir columnas de pladur por parte del arrendatario sin consentimiento del arrendador, ¿dará lugar a la resolución del contrato?

PLANTEAMIENTO

«A» es arrendatario en un inmueble propiedad de «B» por un periodo de 4 años.

«A» ha hecho algunos cambios en el inmueble para ponerlo a su gusto y adaptarlo a sus necesidades como, por ejemplo, en la cocina ha puesto un mostrador de pladur y ha colgado también algunas estanterías en la pared, pero estos cambios no los ha notificado a «B».

«B» quiere resolver el contrato de arrendamiento con «A» amparándose en lo dispuesto en el artículo 23 de la LAU.

¿Tendrá éxito la pretensión del arrendador?

PLANTEAMIENTO

En primer lugar, el **artículo 23 de la LAU** dispone:

> «1. **El arrendatario no podrá realizar sin el consentimiento del arrendador,** expresado por escrito, **obras que modifiquen la configuración de la vivienda** o de los accesorios a que se refiere el apartado 2 del artículo 2. En ningún caso el arrendatario podrá realizar obras que provoquen una disminución en la estabilidad o seguridad de la vivienda.
> 2. Sin perjuicio de la **facultad de resolver el contrato, el arrendador que no haya autorizado la realización de las** obras podrá exigir, al concluir el contrato, que el arrendatario reponga las cosas al estado anterior o conservar la modificación efectuada, sin que éste pueda reclamar indemnización alguna.
> Si, a pesar de lo establecido en el apartado 1 del presente artículo, el arrendatario ha realizado unas obras que han provocado una disminución de la estabilidad de la edificación o de la seguridad de la vivienda o sus accesorios, el arrendador podrá exigir de inmediato del arrendatario la reposición de las cosas al estado anterior».

A modo de ejemplo, es interesante lo establecido por el **Tribunal Supremo en su sentencia, rec. 21/1987, de 21 de febrero de 19991, ECLI:ES:TS:1991:12993,** en la que analiza qué obras no consentidas pueden modificar la configuración de un inmueble y cuales no, señalando que el concepto de configuración y alteración de la cosa arrendada es algo contingente y circunstancial a examinar en cada supuesto en concreto.

En cuanto a la construcción de un mostrador de pladur la **sentencia de la Audiencia Provincial de Alicante n.° 309/2007, de 17 de septiembre, ECLI:ES:APA:2007:3711,** señala al respecto lo siguiente:

> «(...) no cabe entender como modificación de la configuración, a la vista de los criterios orientativos que derivan de las Sentencias del Tribunal Supremo antes referidas, la colocación de un muro de "pladur", que, desde

luego, no puede calificarse como muro fijo o de obra que afecte a los muros originarios del local.

Por todo ello ha de concluirse, como antes se dijo, que las obras realizadas en el local no modifican la configuración de éste, por lo que, con independencia de si existió o no consentimiento del arrendador para la realización de tales obras, no puede entenderse que el arrendatario haya incurrido en la causa resolutoria contemplada en el artículo 114.7ª de la Ley de Arrendamientos Urbanos, siendo acertado, por ende, el pronunciamiento que, a este respecto, contiene la Sentencia apelada, lo que motiva la íntegra desestimación de la impugnación formulada por la parte actora».

Y, en el mismo sentido, se pronuncia la **Audiencia Provincial de Albacete n.º 149/2006, de 16 de junio, ECLI:ES:APAB:2006:313:**

«Pues bien partiendo del hecho de que el tabique que se ha derribado es de pladur, con paneles atornillados a la pared y al suelo y por tanto una obra móvil, que no altera el volumen del local, claro está mas allá del propio espacio que ocupaba, no puede decirse que estamos ante una obra que permita la resolución contractual que se pretende. En consecuencia procede acoger el recurso en el extremo interesado».

En definitiva, a la vista de lo dispuesto anteriormente, la pretensión del arrendador de resolver el contrato de arrendamiento a tenor del **artículo 23 de la LAU** difícilmente podrá tener éxito.

Caso práctico | ¿Debe el arrendador pagar la sustitución de un termo eléctrico en una vivienda arrendada?

PLANTEAMIENTO

«A» se encuentra residiendo en una casa de la cuál «B» es el arrendador, y la misma necesita una serie de arreglos, entre los que destaca la sustitución de un termo eléctrico. «A», como arrendatario, le exige a «B» que pague dicha sustitución. Ante esto, «B» considera que es el arrendatario quien debe hacer frente a tal sustitución por considerar que se trata de una pequeña reparación, a tenor de lo dispuesto en el artículo 21.4 de la Ley de Arrendamientos Urbanos.

¿Debe «B», como arrendador de la vivienda, hacerse cargo del gasto de la sustitución del termo eléctrico?

RESPUESTA

Sí, corresponde al arrendador la reparación del termo eléctrico. Esta conclusión puede alcanzarse a raíz de la lectura de la **sentencia de la Audiencia Provincial de Baleares n.º 64/2012, de 9 de febrero, ECLI:ES:APIB:2012:188**. En este sentido, la mencionada sentencia apunta que:

> «Sin embargo repercutir el coste de la sustitución del termo requiere definir el hecho como pequeña reparación tal y como lo razona la sentencia, porque *"después de ocho años de uso normal está ya amortizado"* o como reparación esencial para la habitabilidad. La Sala no comparte tal razonamiento.
>
> Esta reparación se incardina indudablemente en las exigencias previstas en el art. 21.1 de la LAU y a ello se añade que tal inversión permanece en la vivienda cuando se extingue el contrato. El argumento sobre el carácter de reparación necesaria (en este caso sustitución) y por ende también **a costa del arrendador** del termo del agua caliente justifica la revocación de la Sentencia en este punto teniendo en cuenta que **corresponde al arrendador el mantenimiento de los aparatos que se deterioran por el uso normal de las cosas.**
>
> **No es hecho discutido que el agua caliente es una condición necesaria para la habitabilidad».**

Es por ello por lo que resulta oportuno traer a colación el artículo 21 de la Ley de Arrendamientos Urbanos, el cual establece lo siguiente:

> «1. El arrendador está obligado a realizar, sin derecho a elevar por ello la renta, todas las reparaciones que sean necesarias para conservar la vivienda en las condiciones de habitabilidad para servir al uso convenido, salvo cuando el deterioro de cuya reparación se trate sea imputable al arrendatario a tenor de lo dispuesto en los artículos 1.563 y 1.564 del Código Civil.
>
> La obligación de reparación tiene su límite en la destrucción de la vivienda por causa no imputable al arrendador. A este efecto, se estará a lo dispuesto en el artículo 28.

2. Cuando la ejecución de una obra de conservación no pueda razonablemente diferirse hasta la conclusión del arrendamiento, el arrendatario estará obligado a soportarla, aunque le sea muy molesta o durante ella se vea privado de una parte de la vivienda.

Si la obra durase más de veinte días, habrá de disminuirse la renta en proporción a la parte de la vivienda de la que el arrendatario se vea privado.

3. El arrendatario deberá poner en conocimiento del arrendador, en el plazo más breve posible, la necesidad de las reparaciones que contempla el apartado 1 de este artículo, a cuyos solos efectos deberá facilitar al arrendador la verificación directa, por sí mismo o por los técnicos que designe, del estado de la vivienda. En todo momento, y previa comunicación al arrendador, podrá realizar las que sean urgentes para evitar un daño inminente o una incomodidad grave, y exigir de inmediato su importe al arrendador.

4. Las pequeñas reparaciones que exija el desgaste por el uso ordinario de la vivienda serán de cargo del arrendatario».

Caso práctico | Desperfectos en los electrodomésticos de una vivienda arrendada

PLANTEAMIENTO

«A» fue inquilina en un inmueble propiedad de «B».

«B» una vez finalizado el contrato recurre que «A» no le abonó la totalidad de los desperfectos causados en la vivienda arrendada.

«B» acredita los distintos daños con un informe pericial y acredita dichos daños con fotos (daños en paredes, rotura de persianas, interruptores que no funcionan, enchufes de luz salidos, daños en electrodomésticos), y otros no puede acreditarlos ya que alega que han desaparecido determinados objetos de la vivienda arrendada.

«A», por su parte, alega que han abonado los gastos de las reparaciones de los electrodomésticos cuando no tendría que haberlo hecho, ya que ese tipo de averías serían por cuenta del arrendador al ser desperfectos causados por la utilización normal de los aparatos y no por un mal uso de los mismos.

¿Cuál de las partes tendrá éxito en sus pretensiones?

RESPUESTA

Para dar respuesta a este caso haremos referencia a la **sentencia de la Audiencia Provincial de Almería n.º 27/2018, de 18 de enero, ECLI:ES:APAL:2018:178**, que señala que ciertos daños en electrodomésticos se deben al uso normal y habitual de los mismos, que no se trata pequeñas reparaciones, que están excluidas del contrato y, por lo tanto, deben ser por cuenta de la parte arrendadora. Otro caso igual es la rotura de persianas, que también es un daño derivado del uso habitual de las mismas.

La audiencia también excluye otros daños de cuenta de la parte arrendataria, y que, en consecuencia, deben de ser sufragados por la parte arrendadora por derivar los mismos del uso normal de la vivienda, como pueden ser la pintura y las rozaduras en algunos muebles y puertas.

En conclusión, la arrendataria tendría que hacerse cargo de la rotura de enchufes que están sacados de sus sitios y los objetos que constan en el inventario y que actualmente no se encuentran en la vivienda. Por su parte el arrendador tendrá que hacerse cargo de los demás desperfectos que afecten a los electrodomésticos, persianas, pintura y rozaduras de los muebles y puertas.

Caso práctico | ¿Existe un plazo para exigir la reparación de desperfectos en una vivienda arrendada?

PLANTEAMIENTO

«A» ejercita acción frente a «B» en reclamación del importe de la fianza que se prestó con motivo del contrato de arrendamiento celebrado entre ambos el 22 de febrero de 2012 y extinguido el 29 de mayo de 2014.

«A» considera que «B», una vez extinguido el contrato y satisfechas todas las responsabilidades inherentes al mismo, debe devolver la fianza junto con el interés legal desde junio de 2014, el mes siguiente a que se extinga el contrato y se entregue la posesión. «B» admite la no devolución de la fianza, pero reclama una indemnización por el importe de la reparación de una serie de desperfectos que se han producido en la vivienda arrendada durante el contrato por parte de «A».

Hay que recordar que la finalización del contrato se produjo el 29 de mayo de 2014. El 20 de octubre de 2015, la propiedad dirige un burofax donde se reclama una cantidad en concepto de los desperfectos encontrados, así como la fianza que obraba en su poder. Se cuestiona si la acción de reclamación por los desperfectos tiene un plazo de prescripción o caducidad.

¿Existe un plazo para exigir la reparación de los daños?

RESPUESTA

No, y así lo señala la **Audiencia Provincial de Barcelona en su sentencia n.º 234/2018, de 13 de abril, ECLI:ES:APB:2018:2756**, cuando manifiesta que:

«1.- No discutida la no devolución de la fianza, todo el litigio gira en torno a los desperfectos reclamados por la propiedad.

2.- Opone, en primer lugar, la parte demandada reconvencional, la prescripción/caducidad de la acción ejercitada.

Entiende que al no reclamar por desperfectos una vez transcurrido el plazo de 30 días que establece el artículo 36 Lau, la acción para ello ha caducado; y desde otro punto de vista, considera que la acción habría prescrito por aplicación del artículo 1902 CC en relación con el 1968.2 CC.

3.- Ni una ni otra alegación pueden acogerse. El artículo 36 Lau no establece plazo de caducidad alguno para la reclamación de los desperfectos; simplemente establece que una vez transcurrido ese plazo, si no se devuelve la fianza, ésta devengará el interés legal. Nada más.

Por lo tanto, **no existe ese plazo para exigir la reparación de los daños.**

4.- En cuanto a la pretendida prescripción de la acción del artículo 1902 CC, tampoco puede prosperar por varias razones: a) la acción ejercitada no encaja en el artículo 1902 CC, que parte de la inexistencia de una relación contractual, cuando aquí nos movemos en el seno de una relación arrendaticia, con obligaciones y derechos derivados directamente de dicha relación. Por lo tanto, no rige el artículo 1902, regulador de la responsabilidad extracontractual o aquiliana.

b) aunque nos pusiéramos en la tesitura planteada por la apelante, tampoco procedería, pues el plazo de prescripción para los supuestos de responsabilidad extracontractual viene fijado por el artículo 121.21.d) CCC en tres años, no siendo aplicable el artículo 1968 CC .

Por lo tanto, no podemos estimar este primer motivo de recurso».

En este sentido, y conforme a lo dispuesto en esta sentencia, cuando el artículo 36.4 de la Ley de Arrendamientos Urbanos señala que «el saldo de la fianza en metálico que deba ser restituido al arrendatario al final del arriendo, devengará el interés legal, transcurrido un mes desde la entrega de las llaves por el mismo sin que se hubiere hecho efectiva dicha restitución», **no está señalando un plazo de caducidad para dicha reclamación de desperfectos.**

Caso práctico | ¿A quién corresponde hacer frente a la reparación del lavaplatos de una vivienda arrendada?

PLANTEAMIENTO

«X» es arrendador de una vivienda y, una vez finalizado el contrato, haciendo una revisión de los posibles desperfectos de la misma, se encontró con que el lavaplatos estaba estropeado, exponiendo este hecho en un burofax, en el cual también añade la consideración de que dicho lavaplatos debería haber sido sustituido por los arrendatarios, y su intención de imputar la sustitución de este electrodoméstico a la fianza prestada por el arrendatario.

¿Quién tiene la obligación de sustituir el lavaplatos estropeado? ¿Podrá quedarse el arrendador con el dinero de la fianza en concepto de sustitución del electrodoméstico?

RESPUESTA

La obligación de reparar el lavaplatos es del **arrendador**. Así se pone de manifiesto en la **sentencia de la Audiencia Provincial de Barcelona n.° 234/2018, de 13 de abril, ECLI:ES:APB:2018:2756**. A criterio de esta audiencia, cuando se lleva a cabo un alquiler de una vivienda amueblada, el contrato abarca tanto el inmueble como los muebles que contenga y es el arrendador quien tiene la obligación de efectuar aquellas reparaciones que sean necesarias para mantener los diversos elementos en buen estado, ello a tenor de lo establecido en el apartado primero del artículo 21 de la Ley de Arrendamientos Urbanos:

> «El arrendador está obligado a realizar, sin derecho a elevar por ello la renta, todas las reparaciones que sean necesarias para conservar la vivienda en las condiciones de habitabilidad para servir al uso convenido, salvo cuando el deterioro de cuya reparación se trate sea imputable al arrendatario a tenor de lo dispuesto en los artículos 1.563 y 1.564 del Código Civil».

En este sentido, la citada sentencia entiende que, respecto de la fianza:

> «Una cosa es que, conforme al artículo 21.4 Lau, las pequeñas reparaciones sean de cargo del arrendatario, y otra que en caso de avería que inutilice el bien, sea éste el que deba sustituirlo y comprar otro nuevo.
> Por lo demás, y además de lo que dice la ley, la remisión al contrato que hace la propiedad no aclara nada pues nada se dice sobre el lavavajillas.
> Por lo tanto, **no cabe imputar la sustitución de dicho electrodoméstico averiado a la fianza prestada por el arrendatario**».

ANEXO.
FORMULARIOS

Demanda de juicio ordinario solicitando al propietario obras de mejora de la vivienda arrendada

AL JUZGADO DE PRIMERA INSTANCIA DE
[LOCALIDAD] **QUE POR TURNO CORRESPONDA**

Don/Doña [NOMBRE_PROCURADOR_CLIENTE] procurador/a de los tribunales, colegiado/a núm. [NÚMERO_COLEGIADO/A] en nombre y representación de Don/Doña [NOMBRE_CLIENTE], mayor de edad, con DNI/NIE núm. [NÚM._DOCUMENTO], con domicilio a efectos de notificación [DOMICILIO_CLIENTE], según se acredita mediante la copia de la escritura de poder especial para pleitos que, debidamente bastanteada acompaño y cuya devolución intereso para otros usos, bajo la dirección letrada de Don/Doña [NOMBRE_ABOGADO_CLIENTE] ante el juzgado comparezco y, como mejor proceda en derecho,

DIGO

Que en la expresada representación interpongo demanda de juicio ordinario sobre arrendamientos urbanos, contra Don/Doña [NOMBRE_PARTE_CONTRARIA], con domicilio en [DOMICILIO_PARTE_CONTRARIA] de esta ciudad, demanda que paso a formular basándola en los hechos y fundamentos de Derecho que se detallan a continuación.

HECHOS

PRIMERO.- El/La demandado/a Don/Doña [NOMBRE_PARTE_CONTRARIA], es propietario/a de la vivienda sita en [CALLE], n.º [NÚMERO], de la que mi mandante es arrendatario/a según contrato de fecha [DÍA] de [MES] de [AÑO], concertado con Don/Doña [NOMBRE_PARTE_CONTRARIA], y que acompaño como documento n.º [NÚMERO]. El referido arrendamiento, tanto por su objeto como por su destino y fecha, es un arrendamiento urbano de vivienda sometido por ello a la LAU de 1994.

Según la cláusula [NÚMERO], la renta anula pactada asciende a [CANTIDAD] euros.

SEGUNDO.- El pasado día [DÍA] de [MES] de [AÑO] se produjeron grandes goteras en la vivienda de la parte actora, procedentes del tejado de la finca, debidas a su mala conservación, por lo que requirió al/ a la propietario/a a fin de que procediese a reparar el tejado y a subsanar las manchas aparecidas en la vivienda de la que es arrendatario/a mi mandante, según se acredita por el burofax y su acuse de recibo que se acompañan como documentos n.º [NÚMERO].

A pesar de dichos requerimientos, el/la propietario/a no ha realizado reparación alguna, por lo que cada vez que llueve, aumentan las goteras en el domicilio de la parte actora, habiéndose desprendido parte del yeso de varias habitaciones, tal como resulta de las fotografías obrantes al acta notarial que se acompaña como Documento Número CUATRO, todo lo cual convierte en inhabitable parte de la vivienda, ya que existe riesgo de que se hunda una parte del tejado, tal como resulta del informe de arquitecto que se acompaña como documento n.º [NÚMERO].

Del mismo informe se desprende que las obras a realizar durarán más de veinte días, por lo que es procedente la reducción de la renta arrendaticia de acuerdo con lo establecido en el número 2 del artículo 21 de la LAU de 1994.

A los anteriores hechos les son de aplicación los siguientes,

FUNDAMENTOS DE DERECHO

I.- JURISDICCIÓN Y COMPETENCIA

Corresponderá a los juzgados de primera instancia, que por turno correspondan, atendiendo al artículo 45.1 de la LEC, conocer del fondo del asunto.

Competente es el juzgado a que me dirijo, a tenor de los establecido en el art. 52 de la LEC.

II.- CAPACIDAD Y LEGITIMACIÓN

Ambas partes se encuentran capacitadas y legitimadas en virtud de los artículos 6 y 10 de la LEC.

III.- POSTULACIÓN Y DEFENSA

Esta parte interviene con procurador/a (Art. 23.1 de la LEC) y letrado/a (Art. 31.1 de la LEC), debidamente habilitados por sus respectivos colegios profesionales.

IV.- PROCEDIMIENTO

El presente procedimiento se tramitará conforme a las normas atinentes al juicio ordinario de los artículos 399 a 436 Ley de Enjuiciamiento Civil, así como el artículo 249.1.6 de la Ley de Enjuiciamiento Civil, en cuanto a la tramitación por las normas del juicio ordinario. (1)

V.- CUANTÍA

La cuantía del presente procedimiento asciende a la cantidad de [CANTIDAD] euros, cumpliendo con lo previsto en los artículos 251 y 253 de la LEC.

VI.- FONDO DEL ASUNTO

I.- Artículos 1 y 2 de la LAU de 1994, en cuanto a la calificación del contrato de arrendamiento como de vivienda y su sometimiento a dicha ley.

II.- Artículo 21 apartados 1 y 2 de la LAU de 1994. Dicho artículo establece la obligación del arrendador de realizar, sin derecho a elevar la renta, todas las obras que sean necesarias para la conservación de la vivienda en condiciones de habitabilidad.

En el presente caso las obras a realizar son imprescindibles para poder mantener las condiciones de habitabilidad de la vivienda arrendada, siendo responsable de las mismas el arrendador.

Por otra parte, atendido el volumen de las obras, y el tiempo de duración de las mismas, es evidente que deberá reducirse la renta arrendaticia ya que su plazo de realización es superior a los 20 días.

En este punto es interesante hacer mención de la **sentencia de la Audiencia Provincial de Baleares n.º 204/2013, de 13 de mayo, ECLI:ES:APIB:2013:1042**, que señala que:

> «El arrendador debe, a cambio, procurarle el goce de la cosa arrendada durante todo el tiempo del contrato, obligación que se desenvuelve en tres distintas facetas, la primera consistente en la entrega del arrendatario de la cosa objeto del contrato (art. 1554.1 C.Civil) como condición indispensable para proporcionarle el uso y disfrute de la misma; la segunda, de conservar la

cosa en estado de servir para el uso a que se destina y en consecuencia hacer en ella durante el arrendamiento las reparaciones necesarias a tal fin (art. 1554.2) y la tercera, dirigida a mantener al arrendatario en el goce pacífico del arrendamiento por todo el tiempo del contrato (art. 1554.3) por lo que el arrendador tiene prohibida toda desatención en perjuicio del arrendatario del estado posesorio útil del objeto arrendado, así como la realización de cualquier acto, incluido el ejercicio de un derecho independiente de la relación arrendaticia, y ha de responder de los hechos propios o ajenos que impidan o desmerezcan el pacífico disfrute de la cosa arrendada y de los vicios de la misma que impidan o dificulten ese goce, en contrapartida el arrendatario viene obligado, respondiendo por ello en caso de incumplimiento, a usar de la cosa arrendada como un diligente padre de familia. Por ello, el contenido de la obligación del arrendador se inicia mediante la entrega al arrendatario del objeto del arriendo, para de esa forma propiciar el goce, y perpetuarse a través de su deber permanente de conservar el inmueble en condiciones para servir al uso convenido, o lo que es lo mismo, que no se agote aquella con la simple puesta a disposición de la cosa; sino que subsiste durante toda la existencia de la relación arrendaticia, merced a una serie de prestaciones sucesivas, de donde se configura, en suma, la obligación con un contenido positivo de hacer (art. 1088) cual es la de mantener, mediante las obras y reparaciones necesarias, el inmueble en estado de aptitud objetiva plena para su destino, sin derecho alguno a elevar la renta o en obtener compensación alguna por ello (con las únicas salvedades, respecto de arrendamientos regidos por el TRLAU 1964 de aquello que disponen el art. 108 y la D.T. 2ª y 3ª LAU 29/1994, disposiciones transitorias que han de ser interpretadas de acuerdo con la STS de 21-5-2009).

(...) el artículo 21 de la LAU de 1994 pone a cargo del arrendador las reparaciones necesarias para conservar la vivienda en las condiciones de habitabilidad para servir al uso convenido, salvo cuando el deterioro de cuya reparación se trate sea imputable al arrendatario a tenor de lo dispuesto en los arts. 1.563 y 1.564 C.Civil (art. 111 LAU de 1964 y 21.1 último párrafo de la vigente LAU). Aunque ninguno de los dos preceptos especifica lo que debe entenderse por «reparaciones necesarias» y tampoco se concreta en el art. 1554 C.Civil, que impone la misma obligación al arrendador, la doctrina ha venido considerando (SAP Barcelona de 13 de septiembre de 2001) que, según señalaba la Exposición de Motivos de la LAU de 1964, son reparaciones necesarias la que por su naturaleza son indispensables para mantener la vivienda en uso, y las impuestas por la autoridad competente, entendiendo (SAP Cantabria de 12 de junio de 1996) que dicha obligación alcanza a cuantas sean precisas para lograr tal finalidad con sujeción al destino pactado en el contrato de arrendamiento, ya proceda su necesidad del mero transcurso del tiempo, del desgaste natural de la cosa, de su utilización correcta conforme a lo estipulado o, en definitiva provengan de sucesos con las notas del caso fortuito o de la fuerza mayor, o, como dice la SAP Salamanca de 9 de marzo de 1999, se incluyen tanto las obras encaminadas a la restauración de los deterioros o menoscabos sufridos en la vivienda como a la conservación de los mismos, es decir, aquellas que deben realizarse ineludiblemente y no aumentan el valor ni la productividad de la cosa arrendada. En definitiva, el concepto de reparación hace referencia a aquel gasto u obra sin la cual quedaría la cosa arrendada inservible para su uso, e incluso llegaría a destruirse».

Así, la **sentencia de la Audiencia Provincial de Barcelona n.° 655/2017, de 11 de octubre, ECLI:ES:APB:2017:9846**, señala que:

«esas obras de "conservación" son todas aquellas que sean indispensables para el uso y se configuran como necesarias para que la finca pueda servir a su uso; no hay trascendencia jurídica en la distinción entre obras de conservación y las de reparación, es una cuestión de matiz...La obligación de reparar/conservar alcanza a todos los elementos, servicios e instalaciones inherentes a la finca o que se entregaron a la conclusión del contrato, incluidos los elementos comunes del inmueble que le puedan afectar».

En cuanto a la urgencia de la adopción de la medida de conservación, la **sentencia de la Audiencia Provincial de Cádiz n.º 298/2017, de 31 de octubre, ECLI:ES:APCA:2017:1198**, dice que:

«a tenor de lo dispuesto del párrafo 3º del mencionado art. 21, las facultades del arrendatario en tales supuestos quedan reguladas como sigue: de una parte, "el arrendatario deberá poner en conocimiento del arrendador, en el plazo más breve posible, la necesidad de las reparaciones que contempla el apartado 1 de este artículo, a cuyos solos efectos deberá facilitar al arrendador la verificación directa, por sí mismo o por los técnicos que designe, del estado de la vivienda"; pero además, y en todo momento, "previa comunicación al arrendador, podrá realizar las que sean urgentes para evitar un daño inminente o una incomodidad grave, y exigir de inmediato su importe al arrendador". Y ello es lo sucedido en el supuesto litigioso».

Por su parte, la **SAP de A Coruña n.º 502/2013, de 29 de noviembre, ECLI:ES:APC:2013:2976**, apunta que:

«Por su parte, el artículo siguiente, el 1.563 del Código Civil, preceptúa que «el arrendatario es responsable del deterioro o pérdida que tuviese la cosa arrendada, a no ser que pruebe haberse ocasionado sin culpa suya». Es doctrina jurisprudencial reiterada [TS de 12 de febrero de 2001, 25 de septiembre de 2000, 29 de enero de 1996, 9 de noviembre de 1993, 28 de noviembre de 1991, y las que en ellas se citan abundantemente], que el arrendatario responde del deterioro o pérdida frente al arrendador y frente a los terceros. El precepto establece una presunción de responsabilidad del deterioro o pérdida de la cosa arrendada «a no ser que se pruebe haberse ocasionado sin culpa suya», constituyéndose, por tanto, en una presunción "iuris tantum" que puede ser desvirtuada a través de la prueba en contrario. Opera de forma contundente, incluso si se quiere con excesivo rigor, tratándose de siniestros por causas desconocidas e incluso fortuitas. Esta responsabilidad, que tiene carácter contractual, viene impuesta porque con la pérdida o deterioro se incumple la obligación de guarda y custodia de la cosa, y la obligación del arrendatario de devolverla en buen estado a la finalización del contrato (artículo 1561 del Código Civil). El legislador hace recaer esa responsabilidad en el arrendatario. Se fundamenta en que, al hallarse en la posesión, puede probar con mayor facilidad que el incendio se produjo por causas que no le son achacables. Es el arrendatario quien tiene el control de la situación y de las circunstancias del inmueble arrendado, porque es su poseedor».

Asimismo, manifiesta la **sentencia de la Audiencia Provincial de Badajoz n.º 27/2014, de 6 de febrero, ELCI:ES:APBA:2014:118**, que:

«Conforme al Art. 21-1 de la LAU el arrendador está obligado a realizar, sin derecho a elevar por ello la renta, todas las reparaciones que sean necesarias para conservar la vivienda en las condiciones de habitabilidad para el uso convenido...". Por su parte, el Art. 1101 del Código Civil (LA LEY 1/1889), que ha de relacionarse con el anterior, dispone que "quedan sujetos a la indemnización de los daños y perjuicios causados los que en el cumplimiento de sus obligaciones incurrieren en dolo, negligencia o morosidad y los que de cualquier modo contravinieren el tenor de aquellas". Cuarto.- Se ha llegado a la conclusión de que el contrato ha sido incumplido porque la vivienda no estaba en condiciones de ser habitada en la medida que tal cosa es propia en situaciones de normalidad. La prueba pericial aportada junto con la demanda ha acreditado que la misma, a la fecha de emisión del informe pocos días antes de abandonar el arrendatario la vivienda, presentaba importantes deficiencias que hacían la vida muy difícil a las personas en su normal uso por parte de quienes la habitaban, y que, además, existían determinados riesgos. Estas deficiencias y problemas afectaban a la estanqueidad e impermeabilidad de la carpintería metálica, con entrada de aire y formación de humedades. La instalación de gas carecía de rejillas de ventilación y medidas de CO_2, contaminándose así la normativa administrativa. Véase al respecto el folio 38 de los autos. Las fotografías incluidas en el informe sea altamente reveladoras de la situación del inmueble. Quinto.- Es cierto que la arrendadora ha realizado a lo largo de la vigencia del contrato determinados trabajos de mantenimiento. Pero los mismos no fueron los necesarios si se tiene en cuenta la importancia de los defectos que la vivienda presentaba. La arrendadora no adoptó una actitud de total pasividad, pero los medios puestos por la misma para paliar los problemas eran notoriamente insuficientes. Sexto.- El tribunal ha sopesado la dimensión aritmética y normal del perjuicio padecido por el actor debiendo a la repercusión que en su vida ordinaria ha tenido un estado por deplorable en la vivienda y, dentro de la dificultad de la materia relativa a la calificación de los daños morales, fija el importe de los mismos en la suma total de 1.000 €, y ello con independencia de las cantidades que a su vez adeuda el actor a la demandada».

VII.- COSTAS

El artículo 394 de la Ley de Enjuiciamiento Civil que regula las costas que deberán ser impuestas a la demandada.

En su virtud,

SUPLICO AL JUZGADO:

Que teniendo por presentado este escrito y sus copias, se sirva admitirlos y en su mérito tenerme por comparecido en la representación que ostento y por interpuesta demanda de juicio ordinario de arrendamiento urbano de vivienda contra Don/Doña [NOMBRE_PARTE_CONTRARIA] con domicilio en [DOMICILIO_PARTE_CONTRARIA], admitirla a trámite acordando el emplazamiento del demandado para que comparezca y la conteste si a su derecho conviniere, y en su día y previos los trámites legales correspondientes, dictar Sentencia por la que dando lugar a la demanda se condene al demandado a realizar las obras necesarias de conservación de la vivienda, que constan en el informe de arquitecto acompañado, sin derecho por ello a la elevación de la renta, y se reduzca la renta arrendaticia, durante el tiempo que dure la realización de dichas obras, en proporción a la parte de la vivienda de la que se vea privado el demandante, todo ello con la expresa condena al pago de las costas a la parte demandada.

Por ser justicia que se pide en [LOCALIDAD] a [DÍA] de [MES] de [AÑO]

Fdo.: D./D.ª [NOMBRE_ABOGADO]   Fdo.: D./D.ª [NOMBRE_PROCURADOR]

---

(1) El RD-ley 6/2023, de 19 de diciembre, modifica el artículo 399 de la LEC con entrada en vigor el 20/03/2024.

Demanda de juicio ordinario en reclamación de cantidades a arrendador por instalación de contador de luz por arrendatario

AL JUZGADO DE PRIMERA INSTANCIA DE [ESPECIFICAR]
QUE POR TURNO DE REPARTO CORRESPONDA

Don/Doña [NOMBRE_PROCURADOR], procurador/a de los tribunales, actuando en nombre y representación de [NOMBRE] con DNI [DNI] y [NOMBRE] con DNI [DNI], ambos mayores de edad, con domicilio a efectos de notificaciones en [DIRECCIÓN], cuya representación acredito por medio de escritura pública de poder y cuya copia acompaño para su unión a los autos (Documento n.º 1) mediante testimonio con devolución del original, bajo la asistencia letrada de Don/Doña [NOMBRE_ABOGADO_CLIENTE], abogado del Ilustre Colegio de [LOCALIDAD], ante el juzgado comparezco y como mejor proceda en derecho,

DIGO

Al amparo de lo dispuesto en el artículo 20, apartado 3, de la Ley de Arrendamientos Urbanos (LAU), vengo a interponer demanda de juicio verbal en ejercicio de la acción de repetición de los gastos de instalación derivados de la instalación de un contador de luz en el piso situado en [DESCRIPCIÓN], frente a [NOMBRE_COMPRADOR_LOCAL], con base en los siguientes

HECHOS

PRIMERO.- En fecha [FECHA] mi representado, en condición de arrendatario, y el demandado, en condición de arrendador, suscribieron un contrato de arrendamiento de vivienda respecto al piso situado en [DESCRIPCIÓN] por un periodo de [NÚMERO] meses, que comenzaba en fecha [FECHA]. Se adjunta como Documento n.º 2 copia de dicho contrato.

SEGUNDO.- En la cláusula [NÚMERO] de dicho contrato se estipula que son de cargo de la parte arrendataria, es decir, de mi representado, el abono de los gastos de suministro eléctrico previa exhibición de las facturas por parte de la parte arrendadora, puesto que es dicha parte la titular del servicio eléctrico tal y como se deriva de la factura que se adjunta, a efectos probatorios, como Documento n.º 3.

TERCERO.- En fecha [FECHA] el demandado le entregó las llaves de la vivienda a mi representado, entrando este en la misma y siendo consciente de que el piso no se encontraba en plenas condiciones de habitabilidad al no poseer servicio de electricidad ya que no tenía contador de la luz. Tras varios intentos de contactar con el arrendador y, ante su falta de respuesta, mi representado, dada la urgencia que le requería el entrar a vivir en esa casa, decidió contratar él mismo la instalación de dicho contador que le fue instalado por [EMPRESA] en fecha [FECHA] y teniendo que sufragar él dichos costes que resultaron de un importe de [CANTIDAD_EN_LETRA] euros ([CANTIDAD] euros). A efectos probatorios, se adjunta póliza de abono de [EMPRESA_INSTALADORA] en la que se factura la instalación y el derecho de enganche como Documento n.º 4.

CUARTO.- Los gastos de dicha instalación son de cuenta del arrendador puesto que es su obligación principal, en virtud de lo dispuesto en el artículo 21, la de mantener la vivienda en condiciones de habitabilidad. Asimismo, la titularidad del servicio eléctrico sigue siendo del demandante y, en el contrato simplemente se estipula que mi representado ha de hacer frente a los gastos de suministro eléctrico, concepto en el cual no se incluye el de instalación del contador.

QUINTO.- A pesar de llamar el día [FECHA] a la compañía eléctrica, esta tardó [NÚMERO] días, período durante el cual mi representado tuvo que alojarse en un hotel de la ciudad, gastos que también deben ser sufragados por el arrendador en concepto de daños y perjuicios causados puesto que mi representado, habiendo firmado el contrato y cumplido con todas las obligaciones que de él se derivan (pago de fianza y del importe correspondiente a la renta mensual de [ESPECIFICAR]) tenía derecho a residir en su vivienda y no tendría por qué haber hecho frente al pago de [NÚMERO] noches en el hotel [NOMBRE] de [CIUDAD] si el demandado hubiese cumplido con la totalidad de sus obligaciones.

SEXTO.- La falta de suministro en la vivienda objeto de arrendamiento, ha causado daños morales a mi representado dado que [ESPECIFICAR]

A los anteriores hechos les resultan de aplicación los siguientes

FUNDAMENTOS DE DERECHO

I.- JURISDICCIÓN Y COMPETENCIA

El conocimiento de este asunto corresponde a la jurisdicción civil ostentando la competencia objetiva y funcional los juzgados de primera instancia en virtud de lo dispuesto en el artículo 85.1 de la LOPJ y 45 de la LEC. En cuanto a la competencia territorial corresponde al juzgado al que me dirijo ya que, según lo dispuesto en el artículo 52, apartado 1. 7.º de la LEC: «En los juicios sobre arrendamientos de inmuebles y en los de desahucio, será competente el tribunal del lugar en que esté sita la finca».

II.- LEGITIMACIÓN Y CAPACIDAD

La legitimación activa corresponde a mi representado por ser quien ha tenido que hacer frente a los gastos de instalación del contador que no le correspondían.

La legitimación pasiva corresponde a [NOMBRE_DEMANDADO] al ser el titular del servicio eléctrico y propietario de la vivienda, en la que ha sido instalado un contador de luz por cuenta de mi representado que implica una mejora en la vivienda y que, por lo tanto, ha de ser quien haga frente a dicho importe.

Por otra parte, mi representado tiene tanto capacidad para ser parte (artículo 6.1.1.º de la LEC) en el presente proceso como para comparecer en juicio (artículo 7 de la LEC) al ser persona física, mayor de edad, en pleno ejercicio de sus derechos civiles y que acude debidamente representado por procurador (artículo 23 de la LEC) y asesorado por abogado (artículo 31 de la LEC). Por las mismas razones la parte demandante también tiene tanto capacidad para ser parte como para comparecer en juicio.

III.- PROCEDIMIENTO

En virtud de lo dispuesto en el artículo 249.1.6.º de la LEC.

VI.- CUANTÍA DE LA DEMANDA

En cumplimiento con lo dispuesto en el artículo 253 de la LEC se fija la cuantía de esta demanda en [CANTIDAD_EN LETRA] euros ([CANTIDAD] euros).

V.- FONDO DEL ASUNTO

En cuanto a la **legislación aplicable** cabe tener en cuenta lo dispuesto por la Ley de Arrendamientos Urbanos, en concreto el artículo 20, que establece:

«1. Las partes podrán pactar que los gastos generales para el adecuado sostenimiento del inmueble, sus servicios, tributos, cargas y responsabilidades que no sean susceptibles de individualización y que correspondan a la vivienda arrendada o a sus accesorios, sean a cargo del arrendatario.

En edificios en régimen de propiedad horizontal tales gastos serán los que correspondan a la finca arrendada en función de su cuota de participación.

En edificios que no se encuentren en régimen de propiedad horizontal, tales gastos serán los que se hayan asignado a la finca arrendada en función de su superficie.

Para su validez, este pacto deberá constar por escrito y determinar el importe anual de dichos gastos a la fecha del contrato. El pacto que se refiera a tributos no afectará a la Administración.

Los gastos de gestión inmobiliaria y los de formalización del contrato serán a cargo del arrendador. (1)

2. Durante los cinco primeros años de vigencia del contrato, o durante los siete primeros años si el arrendador fuese persona jurídica, la suma que el arrendatario haya de abonar por el concepto a que se refiere el apartado anterior, con excepción de los tributos, sólo podrá incrementarse, por acuerdo de las partes, anualmente, y nunca en un porcentaje superior al doble de aquel en que pueda incrementarse la renta conforme a lo dispuesto en el apartado 1 del artículo 18.

3. Los gastos por servicios con que cuente la finca arrendada que se individualicen mediante aparatos contadores serán en todo caso de cuenta del arrendatario.

4. El pago de los gastos a que se refiere el presente artículo se acreditará en la forma prevista en el artículo 17.4.».

Además, al respecto de las obligaciones del arrendador de conservación de la vivienda, el artículo 21 del mismo texto legal dispone que:

«1. El arrendador está obligado a realizar, sin derecho a elevar por ello la renta, todas las reparaciones que sean necesarias para conservar la vivienda en las condiciones de habitabilidad para servir al uso convenido, salvo cuando el deterioro de cuya reparación se trate sea imputable al arrendatario a tenor de lo dispuesto en los artículos 1.563 y 1.564 del Código Civil.

La obligación de reparación tiene su límite en la destrucción de la vivienda por causa no imputable al arrendador. A este efecto, se estará a lo dispuesto en el artículo 28.

2. Cuando la ejecución de una obra de conservación no pueda razonablemente diferirse hasta la conclusión del arrendamiento, el arrendatario estará obligado a soportarla, aunque le sea muy molesta o durante ella se vea privado de una parte de la vivienda.

Si la obra durase más de veinte días, habrá de disminuirse la renta en proporción a la parte de la vivienda de la que el arrendatario se vea privado.

3. El arrendatario deberá poner en conocimiento del arrendador, en el plazo más breve posible, la necesidad de las reparaciones que contempla el apartado 1 de este artículo, a cuyos solos efectos deberá facilitar al arrendador la verificación directa, por sí mismo o por los técnicos que designe, del estado de la vivienda. En todo momento, y previa comunicación al arrendador, podrá realizar las que sean urgentes para evitar un daño inminente o una incomodidad grave, y exigir de inmediato su importe al arrendador.

4. Las pequeñas reparaciones que exija el desgaste por el uso ordinario de la vivienda serán de cargo del arrendatario».

En cuanto a la **jurisprudencia aplicable** resulta de aplicación la **sentencia de la Audiencia Provincial de Valencia n.º 140/2007, de 5 de marzo, ECLI:ES:APV:2007:3486,** que en un caso similar al presente dispone que:

> «la demandante habrá asumir los gastos derivados del suministro de agua, y en cuanto al suministro del luz, si bien es obligación del arrendatario pagar el consumo, los gastos de conexión o acometida así como su instalación corresponde al arrendador dentro de sus obligaciones de conservación de la vivienda, y del cumplimiento de sus obligaciones, en concreto la perturbación tanto de hecho como de derecho a la que se refiere el artículo 27.3 b) que faculta al arrendatario a exigirlo, obligaciones que ha incumplido, pues tal y como consta en el oficio de Iberdrola (folio 84), la vivienda carece de suministro desde el día 2 de febrero de 1.999 por falta de pago y que el 21 de septiembre de 2.005 el servicio de mantenimiento cortó el suministro por enganche directo al no existir contrato, lo que se hizo en base a denuncia anónima de quien se identificó como propietario. Dicho enganche directo no consta por quien fuera efectuado, pero supone en todo caso un incumplimiento de las obligaciones contractuales que obliga a indemnizar al arrendatario por los perjuicios sufridos, entre ellos la enfermedad psíquica que padece y que ha sido acreditada, aunque como ya hemos dicho antes y señala también el juez de instancia, no se ha probado que su única causa haya sido la situación vivida por el demandado, pero compartimos plenamente los razonamientos de la sentencia en cuanto a la procedencia y la cuantía de la indemnización, por lo que el recurso de apelación que también ha interpuesto la demandada ha ser desestimado».

VI.- COSTAS

Se solicita la imposición de costas de acuerdo con lo dispuesto en el artículo 394 de la LEC.

VII.- *IURA NOVIT CURIA*

En todo lo no invocado resulta de aplicación el principio *iura novit curia*, plasmado en el párrafo segundo del punto primero del artículo 218 de la LEC, en virtud del cual serán aplicables las demás normas que sean de pertinente, especial o general aplicación, y que el juzgador podrá tener en cuenta de oficio sin necesidad de que hayan sido previamente alegados o invocados por alguna de las partes intervinientes.

Por todo lo expuesto anteriormente,

SUPLICO AL JUZGADO:

Tenga por presentado este escrito, junto a los documentos que lo acompañan, se sirva admitirlo a trámite y tenga por presentada demanda de juicio ordinario en ejercicio de la acción de repetición de los gastos de instalación derivados de la instalación de un contador de luz en el piso situado en [DESCRIPCIÓN] contra [NOMBRE] y condene al demandado al pago de la cantidad de [IMPORTE], con expresa imposición de costas al demandado.

Por ser justicia que pido en [LOCALIDAD], a día [DÍA] de [MES] de [AÑO].

Fdo.: D./D.ª [NOMBRE_ABOGADO]   Fdo.: D./D.ª [NOMBRE_PROCURADOR]

Col. n.º: [NÚMERO_ABOGADO]   Col. n.º: [NÚMERO_PROCURADOR]

PRIMER OTROSÍ DIGO: siendo intención de esta parte cumplir con todos los requisitos legales, a tenor de lo previsto en el artículo 231 de la Ley de Enjuiciamiento Civil, se solicita se le diere traslado de cualquier defecto que adoleciere la presente contestación a la demanda, para la inmediata subsanación de la misma.

SEGUNDO OTROSÍ DIGO: se ha procedido a la consignación del precio pagado por la parte demandada y se adjunta certificado al respecto.

En su virtud,

SUPLICO AL JUZGADO:

Renga por efectuadas las anteriores manifestaciones.

Por ser justicia, fecha y lugar *ut supra.*

Fdo.: D./D.ª [NOMBRE_ABOGADO]   Fdo.: D./D.ª [NOMBRE_PROCURADOR]

Col. n.º: [NÚMERO_ABOGADO]   Col. n.º: [NÚMERO_PROCURADOR]

---

(1) Desde la entrada en vigor de la Ley 12/2023, de 24 de mayo, por el derecho a la vivienda, los gastos de gestión inmobiliaria y formalización del contrato corren necesariamente a cargo del arrendador.

Escrito de notificación de elevación de renta por realización de obras de mejora

D/Dña. [NOMBRE ARRENDADOR]

[DOMICILIO ARRENDADOR]

TLF. [NÚMERO]

[CORREO ELECTRÓNICO/FAX/OTRO]

A/A D./Dña. [NOMBRE_ARRENDATARIO]

C/ [CALLE], [NÚMERO]

[LOCALIDAD], [CÓDIGO POSTAL]

En [LOCALIDAD], a [DÍA] de [MES] de [AÑO]

Muy Sr. mío:

Por la presente, me dirijo a usted en mi condición de arrendador de la vivienda [DESCRIPCIÓN] sito en [LUGAR] (1), la cual viene ocupando en la actualidad en calidad de arrendatario, a fin de notificarle que, con motivo de las obras de mejora de [DESCRIPCIÓN] realizadas recientemente en la vivienda, se producirá un aumento en la renta pactada en el contrato de arrendamiento de [FECHA], en la cuantía que resulta de aplicar al capital invertido en la mejora (2).

Cumpliendo el artículo 19 de la Ley de Arrendamientos Urbanos, la elevación de la renta será el mes que viene, ya que las obras de mejora se encuentran finalizadas en este momento.

A continuación se detallan los cálculos que conducen a la determinación del aumento que se va a producir y aportamos copias de los documentos (3) que acreditan los costes de las obras realizadas.

- [DESCRIPCIÓN]
- [DESCRIPCIÓN]
- [DESCRIPCIÓN]

Por lo expuesto, la renta actual, y por la que se le girarán los recibos a partir del [DÍA] de [MES], serán por la cantidad total de [CANTIDAD_EN_LETRA] euros ([CANTIDAD]€).

A los efectos de cualquier ampliación o aclaración sobre el contenido y finalidad de esta que le remito, señalo como domicilio real el [DOMICILIO] (4); por lo que, ante cualquier inconveniente, le ruego no dude en contactar conmigo a la mayor brevedad posible a fin de poder solventarlo lo antes posible.

Firma [FIRMA]

---

(1) Reflejar localidad y datos identificativos del inmueble arrendado.

(2) Para el cálculo del capital invertido, deberán descontarse las subvenciones públicas obtenidas para la realización de la obra (Cf. art. 19 de la LAU).

(3) Se deberá adjuntar, junto con el escrito, los documentos acreditativos de los gastos realizados para la realización de las obras de mejora.

(4) Indicar localidad y señas del arrendador remitente de ésta.

Escrito de desistimiento del contrato de arrendamiento de vivienda por obras de mejora en la misma

En [LOCALIDAD], a [DÍA] de [MES] de [AÑO]

D/Dña [NOMBRE_ARRENDATARIO]
[DOMICILIO_ARRENDATARIO]
[TLF/CORREO_ELECTRÓNICO/FAX/OTRO]

A/A Señor/ra. D./Dña. [NOMBRE_ARRENDADOR]

[DOMICILIO_ARRENDADOR]

[LOCALIDAD], [CÓDIGO_POSTAL]

Muy Sr./a. mío/a:

Le remito la presente en mi condición de arrendatario de la vivienda sita en [DESCRIPCIÓN], de la que usted es arrendador, a los efectos de comunicarle mi intención de resolver el contrato de arrendamiento firmado con usted el día [DÍA], de [MES], de [AÑO], en esta ciudad, debido a las obras consistentes en [DESCRIPCIÓN] que se van a realizar según se me notificó el día [FECHA] (1).

Se hace uso de la facultad otorgada por el art. 22 de la Ley 29/1994, de 24 de noviembre, de Arrendamientos Urbanos (LAU), precepto en cuyo apartado segundo indica que: «El arrendador que se proponga realizar una de tales obras deberá notificar por escrito al arrendatario, al menos con tres meses de antelación, su naturaleza, comienzo, duración y coste previsible. **Durante el plazo de un mes desde dicha notificación, el arrendatario podrá desistir del contrato, salvo que las obras no afecten o afecten de modo irrelevante a la vivienda arrendada.** El arrendamiento se extinguirá en el plazo de dos meses a contar desde el desistimiento, durante los cuales no podrán comenzar las obras».

A este respecto, entiendo que las indicadas obras, producirán una afección relevante en la vivienda, puesto que no podré hacer uso de [ESPECIFICAR], entendiendo, por tanto, un grave inconveniente en el quehacer diario en el inmueble, por lo que solicito la **EXTINCIÓN DEL ARRENDAMIENTO** suscrito entre nosotros en fecha [FECHA].

Asimismo ruego que se ponga en contacto conmigo para realizar la devolución de las llaves, así como para cualquier otra duda o aclaración.

Atentamente,

Firmado [FIRMA]

---

(1) Hay que tener en cuenta que el art. 22 de la Ley 29/1994, de 24 de noviembre, de Arrendamientos Urbanos, que dice expresamente que: «Durante el plazo de un mes desde dicha notificación, el arrendatario podrá desistir del contrato, salvo que las obras no afecten o afecten de modo irrelevante a la vivienda arrendada...».

Escrito de notificación al arrendador de oposición a las obras de mejora

A/A de Don/Doña [NOMBRE] (arrendador)

Domicilio [DIRECCIÓN]

[PROVINCIA]

En [LOCALIDAD] a [FECHA]

Estimado/a Don/Doña [NOMBRE] (arrendador)

Por medio de la presente le comunico, en relación a la vivienda sita en [DIREC-CIÓN] que, de acuerdo con el artículo 22 de la Ley de Arrendamientos Urbanos, vengo a oponerme expresamente a soportar la realización de las obras de mejora que pretende, por ser factible su ejecución una vez finalice la vigencia del contrato de arrendamiento.

Por este motivo le comunico mi derecho a desistir del contrato por afectar las obras de forma considerable a la vivienda, debiendo extinguirse en el plazo de dos meses desde que reciba esta comunicación y no pudiendo hasta entonces dar comienzo a las obras (1) y (2).

Fdo.- [FIRMA_ARRENDATARIO]

---

(1) Es posible optar por el desistimiento o soportar las obras con derecho a una reducción de la renta en proporción a la parte de la vivienda de la que se vea privado por causa de aquéllas, así como a la indemnización de los gastos que las obras le obliguen a efectuar.

(2) El derecho de desistimiento debe ejercerse en el plazo de un mes desde que el arrendador le comunicó la realización de las obras y siempre y cuando las obras afecten de forma relevante a la vivienda arrendada.

Contestación a la demanda de juicio ordinario de petición de obras de conservación y mejora con reconvención

AL JUZGADO DE PRIMERA INSTANCIA DE
[LOCALIDAD] **QUE POR TURNO CORRESPONDA**

Don/Doña [NOMBRE_PROCURADOR/A_CLIENTE] procurador/a de los Tribunales, colegiado/a núm. [NÚMERO_COLEGIADO/A] en nombre y representación de don/doña [NOMBRE_CLIENTE], mayor de edad, con DNI/NIE núm. [NÚM._DOCUMENTO], con domicilio a efectos de notificación [DOMICILIO_CLIENTE], según se acredita mediante la copia de la escritura de poder especial para pleitos que, debidamente bastanteada acompaño y cuya devolución intereso para otros usos, y bajo la dirección letrada de don/doña [NOMBRE_ABOGADO/A], ante el juzgado comparezco y, como mejor proceda en derecho,

DIGO

Que dentro del término conferido por el Juzgado en el emplazamiento que fue entregado el pasado día [DÍA] de [MES] de [AÑO], comparezco en los autos de juicio ordinario n.º [NÚMERO], instados por don/doña [NOMBRE_PARTE_CONTRARIA] contra mi mandante, oponiéndome a la demanda y contestándola con base en los hechos y fundamentos de derecho que se detallan a continuación.

HECHOS

PRIMERO.- Niego todos los hechos y Fundamentos de Derecho de la demanda, que contesto en todo lo que no vengan expresamente reconocidos en el presente escrito.

Es cierto que don/doña [NOMBRE_PARTE_CONTRARIA] es arrendatario/a de la vivienda indicada en la demanda, de propiedad del/de la demandado/a, según contrato de arrendamiento acompañado a la misma como Documento número uno, el cual expresamente se reconoce.

SEGUNDO.- Es cierto que se han producido goteras en dicha vivienda; ahora bien, tal como ya manifestó la adversa por escrito dirigido a esta parte en su día, las referidas goteras se han producido por culpa del arrendatario, por lo que, en virtud de lo establecido en el **artículo 21 de la LAU** de 1994, no es responsable de las mismas mi principal, y no debe por tanto repararlas. Téngase en cuenta, además, que no todos los daños cuya reparación se solicita proceden de dichas goteras.

Se acompañan como **documentos n.º** [NÚMERO] y [NÚMERO], copia de la carta certificada remitida en su día al arrendatario, designando el original en su poder, y el correspondiente acuse de recibo firmado por el mismo.

TERCERO.- Las goteras producidas en la vivienda arrendada proceden de la instalación mal hecha, efectuada por el/la arrendatario/a en el tejado de la casa, de una antena de radio [DESCRIPCIÓN] tal como se acreditará.

Nótese, tal como resulta del informe de arquitecto acompañado y de las fotografías que constan en el acta notarial, que las goteras se producen todas en una misma habitación, que es la habitación situada justo debajo de dicha antena, de seis metros de altura, y sus anclajes, los cuales deben haber perforado la tela asfáltica que recubre el tejado y dado acceso a las aguas de la lluvia que poco a poco han ido estropeando la casa y produciendo las goteras denunciadas, tal como resulta del informe que se acompaña como **documento n.º** [NÚMERO].

Por ello se trata de daños producidos en la finca por la actuación del/de la arrendatario/a, de las que nunca puede ser responsable mi principal.

CUARTO.- En cuanto a las manchas de humedad del lavabo de la vivienda, tal como resulta de las fotografías acompañadas por el/la actor/a, éstas aparecen en la pared por donde transcurren las tuberías de la ducha, y no proceden del techo.

Dichas humedades y correspondientes desprendimientos de pintura no se deben a desperfecto alguno del tejado de la finca sino a las obras de remodelación del lavabo efectuadas por el/la arrendatario/a, según permiso de obras que le concedió la propiedad hace tres meses, y que se acompaña como **documento n.º** [NÚMERO]; por ello dichas deficiencias se deben a la actuación del/de la actor/a y ninguna responsabilidad puede tener por ellas el/la demandado/a, por lo que la demanda debe ser totalmente rechazada, con expresa imposición de las costas al actor y declarando su temeridad.

A los anteriores hechos les son de aplicación los siguientes,

FUNDAMENTOS DE DERECHO

I.- JURISDICCIÓN Y COMPETENCIA

Corresponderá a los Juzgados de Primera Instancia, que por turno correspondan atendiendo al **artículo 45.1 de la LEC**, conocer del fondo del asunto

Competente es el Juzgado a que me dirijo a tenor de los establecido en el **art. 52 de la LEC**.

II.- CAPACIDAD Y LEGITIMACIÓN

Ambas partes se encuentran capacitadas y legitimadas en virtud de los **artículos 6 y 10 de la LEC**.

III.-POSTULACIÓN Y DEFENSA

Esta parte interviene con procurador/a y letrado/a debidamente habilitados por sus respectivos colegios profesionales, de acuerdo con los **artículos 23.1 de la LEC y 31.1 de la LEC**.

IV.- PROCEDIMIENTO

El presente procedimiento se tramitará conforme a las normas atinentes al juicio ordinario **artículos 399 a 436 Ley de Enjuiciamiento Civil** y artículo **249.6 de la Ley de Enjuiciamiento Civil**, en cuanto a la tramitación por las normas del juicio ordinario. (1)

V.- FONDO DEL ASUNTO

Artículo 21 de la LAU establece que el arrendador está obligado a realizar todas las reparaciones que sean necesarias para conservar la vivienda en las condiciones de habitabilidad para servir al uso convenido, salvo cuando el deterioro de cuya reparación se trate sea imputable al arrendatario a tenor de lo dispuesto en los **artículos 1563 y 1564 del Código Civil**.

Por su parte el **artículo 1563 del Código Civil** establece que el arrendatario es responsable del deterioro o pérdida que tuviere la cosa arrendada a no ser que pruebe haberse ocasionado sin culpa suya.

La **STS n.º 1139/1995, de 30 de diciembre, ECLI:ES:TS:1995:6786**: «(...) toda vez que se refiere a contrato de arrendamiento vigente, sentando presunción "iuris tantum" más que de culpabilidad de responsabilidad, en cuanto el arrendatario es el poseedor real de la cosa amparado por relación contractual».

En el presente caso todas las reparaciones solicitadas por el autor, se deben a su actuación personal o de personas por él contratadas, por lo que ninguna responsabilidad puede tener el arrendador en los desperfectos denunciados y la demanda debe ser totalmente rechazada.

VI.- COSTAS

El **artículo 394 de la Ley de Enjuiciamiento Civil** que regula las costas que deberán ser impuestas a la demandada.

En su virtud,

AL JUZGADO SUPLICO:

Que teniendo por presentado este escrito y documentos acompañados, con sus copias, se sirva admitirlos, y en su mérito tenerme por comparecido y parte en la representación que ostento, dentro de término, en los autos de juicio ordinario n.º [NÚMERO] seguidos a instancias de don/doña [NOMBRE_CLIENTE], y por opuesto y por contestada la demanda, y en su día y previos los trámites legales correspondientes, dictar Sentencia absolviendo al demandado de las peticiones y condenas solicitadas en el Suplico de la demanda, con la expresa condena al actor al pago de las costas y con declaración de su temeridad.

Es justicia que pido en [LOCALIDAD] a [FECHA].

Fdo.: D./D.ª [NOMBRE_ABOGADO]   Fdo.: D./D.ª [NOMBRE_PROCURADOR]

OTROSÍ DIGO: que al amparo de lo prevenido en el **artículo 406 de la LEC**, formulo **RECONVENCIÓN**, basándome en los siguientes:

HECHOS

PRIMERO.- Doy por reproducidos los hechos y documentos contenidos en la contestación a la demanda, en aras a la brevedad de este escrito.

Tal como resulta de lo manifestado al contestar a la demanda, y de lo que se acreditará en este procedimiento, don/doña [NOMBRE_PARTE_CONTRARIA] arrendatario de la vivienda de mi propiedad según contrato de fecha [DÍA] de [MES] de [AÑO] es radioaficionado, siendo titular de la licencia de emisora n.º [NÚMERO].

A los fines de poder utilizar la emisora de radio de la que es titular, instaló en el tejado del edificio una antena de seis metros de altura, con sus correspondientes anclajes, y agujereó el tejado para el paso de los correspondientes cables, en vez de pasarlos por la fachada posterior del edificio.

Para pasar los cables perforó la tela asfáltica interna que recubre el tejado por debajo de las baldosas; al mismo tiempo los anclajes de dicha antena también han perforado la referida tela asfáltica de tal manera que el agua de la lluvia, poco a poco, ha invadido el techo de la vivienda produciendo goteras y dañando su consistencia, estando en la actualidad a punto de caer en una de las habitaciones.

SEGUNDO.- Por otra parte, el arrendatario solicitó, y mi mandante le concedió, permiso para reformar el lavabo de la vivienda.

Tal como resulta del permiso concedido, dichas obras eran a cargo y cuenta del arrendatario, y en beneficio del inmueble sin derecho alguno a indemnización a cargo de la propiedad, debiendo realizarse las mismas por profesionales contratados por el arrendatario sin ninguna intervención del arrendador.

Al parecer, dicha reforma ha sido defectuosa y en la pared por la que transcurre empotrada la tubería que va hasta la ducha, se han producido humedades, con el correspondiente desprendimiento de pintura, debido a los escapes de agua. Ello afecta a la solidez de la pared donde está empotrada la tubería y el agua que se escapa puede pasar al piso inferior.

TERCERO.- Tanto en uno como en otro caso, la responsabilidad de los daños producidos en el inmueble recae única y exclusivamente en el arrendatario, causante de las mismas, por lo que procede se le condene repararlos.

A los anteriores hechos le son de aplicación los siguientes,

FUNDAMENTOS DE DERECHO

I.- JURISDICCIÓN Y COMPETENCIA

Corresponderá a los Juzgados de Primera Instancia, que por turno correspondan atendiendo al **artículo 45.1 de la LEC**, conocer del fondo del asunto.

Competente es el Juzgado a que me dirijo a tenor de los establecido en el **art. 52 de la LEC**.

II.- CAPACIDAD Y LEGITIMACIÓN

Ambas partes se encuentran capacitadas y legitimadas en virtud de los **artículos 6 y 10 de la LEC**.

III.- POSTULACIÓN Y DEFENSA

Esta parte interviene con procurador/a y letrado/a debidamente habilitados por sus respectivos colegios profesionales, de acuerdo con los **artículos 23.1 y 31.1 de la LEC**.

IV.- PROCEDIMIENTO

El presente procedimiento se tramitará conforme a las normas atinentes al juicio ordinario **artículos 399 a 436 de la LEC** y de acuerdo con el **artículo 249.6 de la LEC** en cuanto a la tramitación por las normas del juicio ordinario (1)

V.- FONDO DEL ASUNTO

El **artículo 21 de la LAU** y el **artículo 1563 del Código Civil**, que establecen la responsabilidad del arrendatario por los deterioros causados en la finca arrendada a no ser que se pruebe haberse ocasionado sin culpa suya.

La SAP de Barcelona n.º 502/2013, de 18 de septiembre, ECLI:ES:APB:2013:10099:

> «Tanto el artículos 21.3 de la Ley 29/1994, de 24 de noviembre, de Arrendamientos Urbanos, como el artículos 1159 del Código Civil, obligan al arrendatario a poner en conocimiento del arrendador la necesidad de las reparaciones necesarias en la vivienda arrendada, lo cual no es mera obligación formal, sino un presupuesto necesario para que el arrendador pueda verificar directamente, por sí mismo o por los técnicos que designe, el estado de la vivienda, lo cual no podría hacer el arrendador si el arrendatario procede a reparar los pretendidos defectos sin permitir su comprobación previa por el arrendador, de modo que, en los términos del artículo 21.3, únicamente cuando se produce la comunicación previa al arrendador, puede el arrendatario proceder a realizar las reparaciones que sean urgentes para evitar un daño inminente o una incomodidad grave, y exigir de inmediato su importe al arrendador».

La **SAP de Pontevedra n.º 528/2016, de 13 de octubre, ECLI:ES:APPO:2016:2014:**

«Según el art. 1561 del Código Civil, "el arrendatario debe devolver la finca, al concluir el arriendo, tal como la recibió, salvo lo que hubiese perecido o se hubiere menoscabado por el tiempo por causa inevitable". Por su parte, el art. 21.4 de la LAU, establece que "las pequeñas reparaciones que exige al desgaste por el uso ordinario de la vivienda serán de cargo del arrendatario". En relación con los daños causados la vivienda, no cabe abrigar duda razonable sobre su realidad. El hecho de que el acta notarial subiese levantado dos meses después delantera las llaves no ha de conducir necesariamente a la desautorización de la prueba de los desperfectos. Es de todo punto impensable que el arrendador provocase daños deliberadamente en su propiedad tan sólo por el afán de reclamar su indemnización al arrendatario. El piso es visto por dos vecinos del inmueble que dan testimonio de su estado, y fundamentalmente del deterioro causado por el perro que la demandada tenía en la vivienda. La realidad de los deterioros está acreditada y es también visible que, por las características de esos daños, éstos han sido producidos por un perro. En relación con la pintura de las paredes, con independencia de los desperfectos que hubiera sido ocasionados por la conducta descuidada de la arrendataria, es preciso recordar que en la cláusula décima del contrato de arrendamiento se decía que la arrendataria se comprometía a dejar la vivienda "en las mismas condiciones que la recibe, es decir, recién pintado (sic) en color blanco y con el mobiliario y electrodomésticos en perfecto estado de uso, a excepción del normal deterioro, en su caso". Por lo tanto y, repetimos, al margen de los desperfectos, correspondía a la arrendataria restituir la vivienda en las condiciones precisas estipuladas en la citada cláusula que incluían la pintura reciente de paredes en blanco».

La **SAP de Baleares n.º 214/2017, de 29 de junio, ECLI:ES:APIB:2017:1402:**

«Procede mantener la condena del arrendatario a abonar la cantidad correspondiente al arreglo de la instalación eléctrica y de los demás desperfectos efectivamente reparados dado que, no lo olvidemos, el artículos 21.4 de la Ley de Arrendamientos urbanos obliga al arrendatario a hacerse cargo de " las pequeñas reparaciones que exija el desgaste por el uso ordinario de la vivienda", y los arreglos llevados a cabo por el arrendador no son sino consecuencia del incumplimiento de dicha obligación por el arrendatario».

La **SAP de A Coruña n.º 502/2013, de 29 de noviembre, ECLI:ES:APC:2013:2976:**

«"Por su parte, el artículo siguiente, el 1.563 del Código Civil, preceptúa que «el arrendatario es responsable del deterioro o pérdida que tuviese la cosa arrendada, a no ser que pruebe haberse ocasionado sin culpa suya". Es doctrina jurisprudencial reiterada [TS de 12 de febrero de 2001, 25 de septiembre de 2000, 29 de enero de 1996, 9 de noviembre de 1993, 28 de noviembre de 1991, y las que en ellas se citan abundantemente], que el arrendatario responde del deterioro o pérdida frente al arrendador y frente a los terceros. El precepto establece una presunción de responsabilidad del deterioro o pérdida de la cosa arrendada "a no ser que se pruebe haberse ocasionado sin culpa suya", constituyéndose, por tanto, en una presunción "iuris tantum" que puede ser desvirtuada a través de la prueba en contrario. Opera de forma contundente, incluso si se quiere con excesivo rigor, tratándose de siniestros por causas desconocidas e incluso fortuitas. Esta responsabilidad, que tiene carácter contractual, viene impuesta porque con la pérdida o deterioro se incumple la obligación de guarda y custodia de la cosa, y la obligación del arrendatario de devolverla en buen estado a la finalización del contrato (artículo 1561 del Código Civil). El legislador hace recaer esa responsabilidad en el arrendatario. Se fundamenta en que, al hallarse en la posesión, puede probar con mayor facilidad que el incendio se produjo por causas que no le son achacables. Es el arrendatario quien tiene el control de la situación y de las circunstancias del inmueble arrendado, porque es su poseedor».

En el presente caso ha quedado acreditado que los daños causados en la finca se han debido a una actuación del arrendatario, bien directa, instalación de la antena de la emisora de radio, bien por haber ordenado a tercero la reforma del lavabo y haber resultado la misma defectuosa.

VI.- COSTAS

El **artículo 394 de la LEC** que regula las costas que deberán ser impuestas a la demandada.

En su virtud,

AL JUZGADO SUPLICO:

Se sirva tener por formulada **RECONVENCIÓN** en el presente procedimiento, dar traslado de la misma al actor a fin de que la conteste dentro del término que se le confiera si a su derecho conviniere y en su día, y previos los trámites legales correspondientes, dictar sentencia por la que se condene al actor a realizar a su cargo todas las obras necesarias para la reparación de los daños que constan en el informe de arquitecto y acta notarial acompañados con la demanda, con la expresa imposición de costas y declarando su temeridad si se opusiere.

Por ser justicia que se pide en [LOCALIDAD] a [DÍA] de [MES] de [AÑO]

Fdo.: D./D.ª [NOMBRE_ABOGADO]   Fdo.: D./D.ª [NOMBRE_PROCURADOR]

---

(1) El RD-ley 6/2023, de 19 de diciembre, modifica el artículo 249 y 399 de la LEC con entrada en vigor el 20/03/2024.

Recurso de apelación de condena a reducción de renta e indemnización por privación de uso de vivienda en obras

Procedimiento: [NÚMERO/AÑO]

A LA AUDIENCIA PROVINCIAL DE [PROVINCIA] (1)

Don/Doña [NOMBRE_PROCURADOR/A_CLIENTE], procurador/a de los Tribunales, en nombre y representación de don/doña [NOMBRE_CLIENTE], representación que consta debidamente acreditada en autos del procedimiento [NÚMERO/AÑO], ante la audiencia comparezco bajo la dirección letrada de don/doña [NOMBRE], colegiado/a n.º [NÚMERO] del Ilustre Colegio de Abogados de [LOCALIDAD], y como mejor proceda en derecho,

DIGO

En fecha de [FECHA] fue notificada a esta parte la sentencia n.º [NÚMERO] dictada el [FECHA] por el Juzgado de Primera Instancia de [LOCALIDAD]. Toda vez que la resolución contraviene los intereses de mi representado/a, mediante el presente escrito vengo a interponer, en el plazo de veinte días que me ha sido conferido al efecto ex art. 458 de la LEC, **RECURSO DE APELACIÓN** de conformidad con las siguientes,

ALEGACIONES

PRIMERA.- El juzgador *a quo* consideró como **HECHOS PROBADOS** que:

- Mi mandante, don/doña [NOMBRE_CLIENTE], es arrendador/a de la vivienda sita en [CALLE], n.º [NÚMERO] de [LOCALIDAD], según contrato de arrendamiento concertado con la parte ahora recurrida, de fecha [DÍA] de [MES] de [AÑO] y que consta en autos del presente procedimiento.

- La renta pactada por contrato entre las partes es de [CANTIDAD] euros.

- En las fechas comprendidas entre el [FECHA] y el [FECHA], mi mandante se hizo cargo de obras necesarias en la vivienda, consistentes en [ESPECIFICAR]. Durante la ejecución de las obras mi mandante no redujo la renta arrendaticia a la parte recurrida entendiendo que no inutilizaban la vivienda en proporción alguna.

- El/la demandante se aplicó unilateralmente la reducción reclamada, abonando la cantidad de [CANTIDAD] euros durante las fechas en que tuvieron lugar las obras.

- (...)

Respetuosamente sostenemos que la sentencia n.º [NÚMERO], de [FECHA] que puso fin al procedimiento [NÚMERO/AÑO] estimando la pretensión del/de la demandante, perjudica los intereses de mi representada, que ha resultado injustamente condenada al pago de [CANTIDAD] euros a don/doña [NOMBRE_PARTE_CONTRARIA] en concepto de rentas indebidas e indemnización de daños y perjuicios.

La sentencia ahora recurrida infringe los siguientes preceptos:

[EJEMPLO]:

– Infracción del **art. 217 de la LEC**. Errónea aplicación de la carga de la prueba e inadmisión de prueba decisiva.

– Infracción del **art. 218 de la LEC**. Incongruencia omisiva de la sentencia.

SEGUNDA.- MOTIVOS DE APELACIÓN (2)

– [EJEMPLO]: INFRACCIÓN DE LAS NORMAS SOBRE PRUEBA: ART. 217 DE LA LEC EN RELACIÓN CON EL ART. 24 de la CE Y JURISPRUDENCIA CONSTITUCIONAL. INADMISIÓN DE PRUEBAS DECISIVAS

En el procedimiento que resolvió la sentencia recurrida se inadmitieron las siguientes pruebas:

– [ESPECIFICAR]

– [ESPECIFICAR]

Esta parte ya justificó la improcedencia de tal inadmisión en recurso de reposición que interpuso en el acto de juicio, el cual fue también inadmitido, por lo que se formuló la oportuna protesta. Las pruebas denegadas demuestran que la vivienda no quedó inutilizada en proporción alguna durante las obras realizadas y que por tanto no ha lugar a la devolución de rentas indebidas ni al abono de la indemnización a que fue condenado/a mi representado/a en la sentencia apelada.

En este sentido, dispone la **sentencia del Tribunal Constitucional n.º 128/2017, de 13 de noviembre, ECLI:ES:TC:2017:128**:

«La garantía constitucional del artículo 24.2 CE no cubre cualquier irregularidad u omisión procesal, sino únicamente aquellos casos en los cuales la **prueba** fuera **decisiva** en términos de defensa. En concreto, para que este derecho pueda entenderse vulnerado, la denegación de la prueba debe ser imputable al órgano judicial y, además, la prueba denegada debe ser decisiva en términos de defensa, siendo carga del recurrente la de justificar la indefensión sufrida. Esta exigencia implica, por una parte, que el recurrente debe demostrar la relación entre los hechos que se quisieron y no se pudieron probar y las pruebas inadmitidas o no practicadas; y, por otra parte, que debe argumentar el modo en que la admisión y la práctica de la prueba objeto de la controversia habrían podido tener una incidencia favorable a la estimación de sus pretensiones. Sólo en tal caso —comprobado que el fallo del proceso a quo pudo, tal vez, haber sido otro si la prueba se hubiera practicado—, podrá apreciarse también el menoscabo efectivo del derecho de quien por este motivo solicita el amparo constitucional».

La prueba inadmitida demostraba no haber lugar a la condena de mi representado/a la luz del **art. 22.3 de la LAU**: «El arrendatario que soporte las obras tendrá derecho a una reducción de la renta en proporción a la parte de la vivienda de la que se vea privado por causa de aquéllas, así como a la indemnización de los gastos que las obras le obliguen a efectuar».

En relación con ello se pronuncia la **sentencia de la Audiencia Provincial de Madrid n.º 93/2009, de 10 de marzo, ECLI:ES:APM:2009:3553**:

«Este precepto establece que: "1. El arrendatario estará obligado a soportar la realización por el arrendador de obras de mejora cuya ejecución no pueda **razonablemente diferirse** hasta la conclusión del arrendamiento.(...)

(...) 3. El arrendatario que soporte las obras tendrá **derecho** a una **reducción** de la renta en proporción a la parte de la vivienda de la que se vea privado por causa de aquéllas, así como a la indemnización de los gastos que las obras le obliguen a efectuar".

(...) la norma, que es de aplicación preferente de acuerdo con el sistema de fuentes establecido, solo otorga derecho al arrendatario a la reducción de la renta cuando se vea privado de una parte de la vivienda a causa de las obras de mejora, no cuando éstas le ocasionan simplemente molestias, por serias que fueran.

Naturalmente, si las molestias que causan las obras de mejora provocan que el arrendatario se vea privado de la utilización de una parte de la vivienda, también procederá la reducción de la renta, (...) pero nada de esto se ha probado en este caso, en el que, ciertamente, como expresa la sentencia apelada, las obras de albañilería realizadas en los elementos comunes del edificio tuvieron que suponer molestias o perturbaciones en el uso de la vivienda arrendada, pero no se ha justificado que a causa de las obras de mejora el actor se viera privado de parte de la vivienda arrendada, que es el requisito a que el precepto anuda la posibilidad de reducir la renta.

A todo ello se debe añadir, como correctamente plantea la parte recurrente, que a la vez que se acometían las obras de rehabilitación en las partes comunes del inmueble, los propietarios de los diversos apartamentos que los iban comprando a la parte actora también acometían obras de reforma en su interior, lo que asimismo contribuiría a las molestias ocasionadas al demandante, siendo **difícil de distinguir unas de otras**, más aún cuando se llegaron a ejecutar obras de reforma en el interior del apartamento colindante.

QUINTO.- Procede por cuanto se ha expuesto, estimar el recurso de apelación formulado y revocar la sentencia recurrida, para, en su lugar, desestimar la demanda».

Por su parte, la **sentencia de la Audiencia Provincial de Madrid n.º 216/2010, de 21 de abril, ECLI:ES:APM:2010:6282**:

«Lo que no es válido y lícito es que el arrendatario decida **unilateralmente** reducir el importe de la renta en la cantidad que repute conveniente y por el tiempo que decida asimismo oportuno, pues ello comporta el ejercicio arbitrario del propio derecho que no puede encontrar el amparo del ordenamiento».

– (...)

TERCERA.- MEDIOS DE PRUEBA

De conformidad con lo dispuesto en el **art. 460 de la LEC** interesamos la práctica de:

– INTERROGATORIO DE PARTE: [ESPECIFICAR]
– DOCUMENTAL: [ESPECIFICAR]
– TESTIFICAL: [ESPECIFICAR]
– PERICIAL: [ESPECIFICAR]
– (...)

Por lo expuesto,

A LA AUDIENCIA SUPLICO:

Que dicte resolución por la que, estimando este recurso de apelación, revoque íntegramente la sentencia de [FECHA], recaída en los autos [DESCRIPCIÓN] seguidos ante el Juzgado de Primera Instancia de [LOCALIDAD], declarando ajustadas a derecho las pretensiones de este recurso, con condena en costas a la parte contraria.

Por ser justicia que pido en [LOCALIDAD], a [DÍA] de [MES] de [AÑO].

Fdo.: D./D.ª [NOMBRE_ABOGADO]   Fdo.: D./D.ª [NOMBRE_PROCURADOR]

PRIMER OTROSÍ DIGO: de conformidad con el apartado tercero de la disposición adicional 15.ª de la LOPJ esta parte ha consignado la cantidad de 50 euros en la cuenta de depósitos del Juzgado, como se acredita mediante la copia del justificante de ingreso que aportamos como **documento n.º** [NÚMERO].

En su virtud,

SUPLICO:

Que tenga por efectuada la anterior manifestación a los efectos oportunos.

Es justicia que pido en el lugar y fecha *ut supra*.

Fdo.: D./D.ª [NOMBRE_ABOGADO]   Fdo.: D./D.ª [NOMBRE_PROCURADOR]

SEGUNDO OTROSÍ DIGO: siendo intención de esta parte cumplir con todos los requisitos legales, a tenor de lo previsto en el **artículo 231 de la Ley de Enjuiciamiento Civil**, se solicita se le diere traslado de cualquier defecto que adoleciere el presente recurso, para la inmediata subsanación del mismo.

Por ello,

SUPLICO:

Que tenga por efectuada la anterior manifestación a los efectos oportunos.

Es justicia que pido en el lugar y fecha *ut supra*.

Fdo.: D./D.ª [NOMBRE_ABOGADO]   Fdo.: D./D.ª [NOMBRE_PROCURADOR]

---

(1) Tras la reforma operada en el *art. 458 de la LEC* por el RD-ley 6/2023, de 19 de diciembre, con entrada en vigor el 20/03/2024, el recurso de apelación se interpone ante el tribunal competente para conocer del mismo dentro del plazo de 20 días desde la notificación de la resolución impugnada, de la cual debe acompañarse copia.

(2) Alegar las infracciones que procedan en el caso concreto (por ejemplo: infracción en las normas reguladoras de la sentencia (*arts. 216 a 222 de la LEC*); error en la valoración de la prueba; incongruencia omisiva de la sentencia; inadmisión de pruebas decisivas; falta de práctica de pruebas admitidas, etc.).

Cód. 01